国家重点研发计划项目(编号:2018YFC0809600)
及(编号:2018YFC0809602)成果

深圳至中山跨江通道工程航道通航条件影响评价关键技术研究与应用

董　敏　查雅平　刘胜利
刘　健　何　杰　伏耀华　等　著

黄河水利出版社
·郑州·

内 容 提 要

深中通道工程是国务院批复的重大基础设施项目，是继港珠澳大桥之后的又一超级跨海工程，是交通强国的示范工程，是连接珠江口东西两岸，集“桥、岛、隧、水下互通”于一体的世界级超大型集群工程，通道建设对于粤港澳大湾区建设具有重要战略意义。航道通航条件影响评价是决定通道建设线位、规模和形式的关键技术支撑，科学论证通道通航方案和通航安全保障措施，对保障珠江口航运业的发展，巩固珠江三角洲沿海港口的战略地位和促进区域经济社会的可持续发展具有重大意义。本书就工程的航道通航条件影响评价中涉及的关键技术及其应用进行了全面总结。全书分为5章，包括项目概况、国内外相关研究概况、项目关键技术与方案、项目研究成果及其水平、项目应用和成果转化等。

图书在版编目（CIP）数据

深圳至中山跨江通道工程航道通航条件影响评价关键技术研究与应用/董敏等著. —郑州：黄河水利出版社，2022. 11

ISBN 978-7-5509-3437-5

Ⅰ. ①深…　Ⅱ. ①董…　Ⅲ. ①跨海峡桥-桥梁工程-通航-研究　Ⅳ. ①U448. 19

中国版本图书馆 CIP 数据核字（2022）第 216844 号

出 版 社：黄河水利出版社

地址：河南省郑州市顺河路黄委会综合楼 14 层　　邮政编码：450003

发行单位：黄河水利出版社

发行部电话：0371-66026940、66020550、66028024、66022620（传真）

E-mail：hhslcbs@ 126. com

承印单位：河南新华印刷集团有限公司

开本：787 mm×1 092 mm　1/16

印张：9

字数：220 千字

版次：2022 年 11 月第 1 版　　印次：2022 年 11 月第 1 次印刷

定价：78. 00 元

《深圳至中山跨江通道工程航道通航条件影响评价关键技术研究与应用》

著 作 人 员 名 单

董　敏　查雅平　刘胜利　刘　健　何　杰

伏耀华　陈伟乐　扬　懿　宋神友　王康臣

吴　澎　田　佳　丁文涛　姚海元　郭国平

黄晓初　李勤荣　左天立　郭志新　黄　俊

孙　平　苏孟超　郑　晶　张可成　王小川

曹凤帅

前 言

深圳至中山跨江通道工程是国务院批复的重大基础设施项目,是继港珠澳大桥之后的又一超级跨海工程,是交通强国的示范工程,是连接珠江口东西两岸,集"桥、岛、隧、水下互通"于一体的世界级超大型集群工程,通道建设对于粤港澳大湾区建设具有重要战略意义。航道通航条件影响评价是决定通道建设线位、规模和形式的关键技术支撑,科学论证通道通航方案和通航安全保障措施,对保障珠江口航运业的发展,巩固珠江三角洲沿海港口的战略地位和促进区域经济社会的可持续发展具有重大意义。

本书就工程的航道通航条件影响评价中涉及的关键技术及其应用进行全面总结。全书分为5章,包括项目概况、国内外研究概况、项目关键技术与方案、项目研究成果及其水平、项目应用和成果转化。针对通航要求高、水沙条件敏感、通航环境复杂的大型河口海湾,采用集港口、航道、航海、船舶、通航安全、公路、海洋、水利、环保等多学科融合技术和创新理念,形成了船舶大型化预测、通航尺度论证、通航方案适应性评价和通航安全保障分析等关键技术集群。

本书介绍的相关技术和应用是确定深圳至中山跨江通道项目跨江段线位走向、通道方案以及建设规模的决定性因素,是深圳至中山跨江通道项目的工程可行性研究报告获得国家批复的重要技术支撑;多方案比选后确定的桥隧组合方案可行的研究结论为工程节省了约100亿元的投资,更为重要的是降低了长隧道方案大直径、超长海底隧道工程的运营风险;船舶大型化预测方法和成果为《全国沿海港口布局规划》、"一带一路"跨海通道工程的建设提供了关键的指导;跨越航道桥梁通航孔设置和净空尺度、隧道选址和埋置深度等成果纳入了我国水运行业标准《海轮航道通航标准》(JTS 180-3—2018)和地方标准《广东省沿海航道通航标准》(DB44/T 1355—2014)。相关成果和采取的评价技术路线已经在类似通道项目航道通航条件影响评价论证工作中被广泛借鉴,促进了通航论证相关领域学科发展和技术进步。

本书由主要参与项目论证各单位的主要人员联合撰写。在本书撰写过程中,众多行业资深专家进行了全面细致审阅,并提出了许多建设性的宝贵意见,同时得到省部级主管部门的帮助和指正,黄河水利出版社对于本书的出版给予了大力支持。在此一并表示感谢!在本书撰写过程中,作者参阅了大量国内外相关文献和网络资源,在此向这些文献和资源的原创者致以诚挚的感谢!

由于笔者水平有限,时间仓促,书中难免有不足、不妥之处,诚望广大读者和同行专家学者不吝赐教,批评指正,以便今后修改完善,在此深表感谢!

作 者

2022年7月

目　录

第 1 章　项目概况

1.1　项目背景

深圳至中山跨江通道工程(简称“深中通道”)是连接珠江口东西两岸的跨海通道,主要建设内容包括东人工岛及机场互通、矾石水道沉管隧道、西人工岛、伶仃洋大桥、万顷沙互通、中山大桥、横门互通等工程,是集“桥、岛、隧、水下互通”于一体的世界级超大型集群工程。通道工程北距虎门大桥约 30 km,南距港珠澳大桥约 38 km。起点位于广深沿江高速公路机场互通立交,通过广深沿江高速二期东接机荷高速公路,向西跨越珠江口,在中山市马鞍岛登陆,终点位于横门互通立交,通过连接线实现在深圳、中山及广州南沙登陆。项目全长约 24 km,设计速度 100 km/h,双向 8 车道,计划于 2024 年建成通车。

深中通道工程及珠江口公路通道布局如图 1-1、图 1-2 所示。

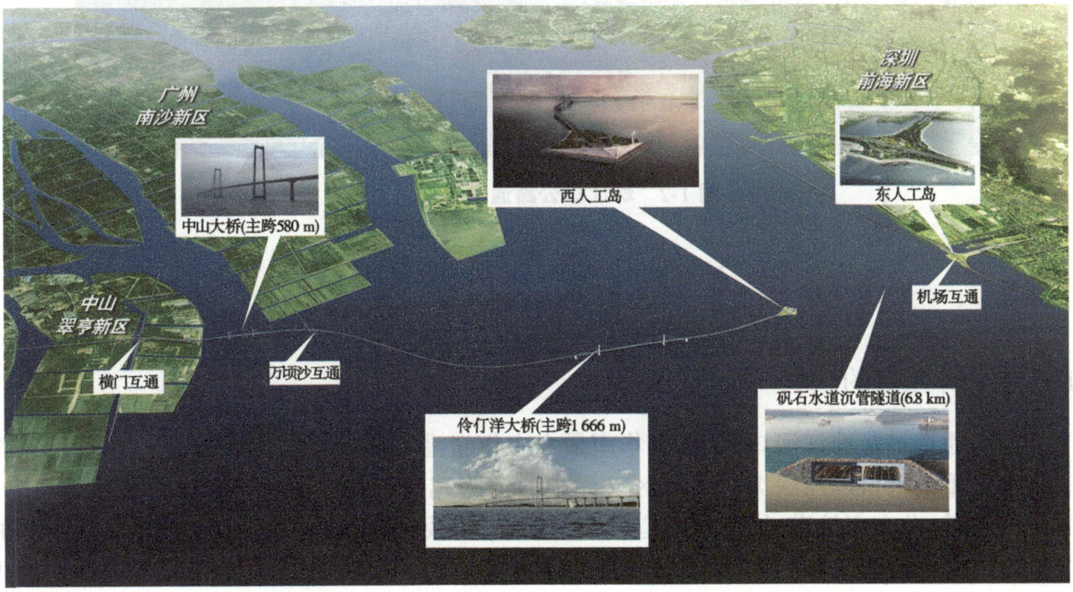

图 1-1　深中通道工程示意图

深中通道的建设对于推进珠三角东西两岸产业互联互通及各类要素的高效配置,加快粤东、粤西地区振兴发展及广东自由贸易试验区发展,推动粤港澳大湾区城市群融合发展,助推广东经济转型、城市转型,实现高质量发展具有重要战略意义。

图 1-2　珠江口公路通道布局示意图

1.2　项目研究目的和内容

1.2.1　研究目的

深中通道横跨珠江河口，上游有华南最大主枢纽港之一的广州港、中山港、东莞港等珠三角地区重要港口以及深圳西部港区。深中通道跨越（穿越）了大铲航道、矾石水道、广州港出海航道、龙穴南航道、横门东航道等五条航道，是我国沿海航线最密集、通航密度最大的区域之一。据观测，深中通道沿线日均船舶流量约 2 800 艘次，每年可达 100 万艘次。深中通道航道通航条件影响评价研究工作的宗旨是处理好通道工程建设与水运发展的关系，保障今后通道和船舶的通航安全，促成水路、陆路交通的双赢。

深中通道跨越的伶仃洋水域是珠江入海的东部四大口门，水沙条件复杂、泥沙活跃。深中通道的建设势必对该水域的水下地形产生影响，进而对附近航道、港口以及河势产生一定的影响。为确保伶仃洋河势、航道的稳定，从通航影响角度论证提出通道工程适宜的过江方式，尽可能将工程的不利影响最小化，是研究的重要目标之一。

项目研究应对通道建设方案的选择、桥梁（隧道）通航孔的布置以及通航净空尺度的技术标准提出明确的意见和要求，为深中通道工程方案的研究提供依据。同时，为了保障深中通道工程施工期和营运期通航船舶和工程的自身安全，应研究并提出科学和切实可行的安全保障措施。

项目研究成果也为交通运输部开展深中通道项目航道条件和通航安全影响评价核准意见提供重要的技术支撑。

1.2.2　研究内容

根据《中华人民共和国航道法》和交通运输部《跨越和穿越航道工程航道通航条件影响评价报告编制规定》(JTS 120-1—2018)等相关规定,结合深中通道项目的特点,跨珠江口大型通道通航论证需要研究以下主要内容:

(1)收集和观测项目通航环境相关资料和数据,分析通道区通航环境,包括水文、船舶交通流、河势、涉水建筑物、通航安全情况等。

(2)根据珠三角地区经济发展趋势,预测通道区今后50年可能发生的水运量;分析通道区上游港口、航道的现状和发展规划,根据影响区附近规划的港口岸线资源,预测未来港口发展的可能规模、通过通道区的船舶种类、吨级和相应的船舶航行密度。

(3)结合船舶大型化发展趋势,分析现有和未来船舶尺度的发展趋势,提出通道区通航船舶代表船型的尺度。

(4)结合行业主管部门的通航要求和意见,提出各通航孔(隧道)的通航代表船型及相应尺度。

(5)分析桥区海床稳定性和发展趋势,评价航道的稳定性,结合航道发展要求,确定通航孔(隧道)的布置;提出设计最高、最低通航水位;提出通航孔(隧道)通航净空尺度技术要求。

(6)借助模型试验以及船舶操纵等技术手段,评价通道工程不同方案对伶仃洋河势、航道、港口的影响和适应性,提出方案通航可行性意见和结论。

(7)提出通道通航安全的保障措施和防船撞代表船型标准。

1.2.3　关键问题

珠三角作为我国经济和贸易最发达的区域之一,依托珠江口丰富的航道资源,其港口航运的发展已经成为粤港澳大湾区经济社会发展的最重要支柱产业之一。为使跨越、穿越航道的建筑物建设不致限制腹地未来经济发展,保障航道功能的正常发挥,以及航运健康、稳定、可持续发展,深圳至中山通道通航论证涉及的关键问题有以下几个方面:

(1)通道西岸(广州侧)有我国沿海的主要港口广州港,通航船舶尺度大,不仅要考虑现状通航需求,还要考虑未来运输船舶大型化的要求,通道途经的伶仃航道是进出广州港最核心的深水航道资源和生命线,对伶仃航道通航条件的保护是保障广州港港口竞争力和可持续发展的关键。

(2)通道东岸(深圳侧)有深圳机场航空限高的制约,途经的矾石水道内通航船舶有密度大、船型小的特点,通航船舶轨迹带宽度较大。通航方案需要综合考虑东岸周边复杂的陆上和水上通航环境。

(3)拟建通道线位于珠江河口"三滩两漕"的核心区,珠江河口以"三滩两漕"为主要形态的海床形态已基本稳定,但近年来出现了大规模的挖沙活动,巨大的人工深潭地貌、通道桥梁和人工岛等出水建筑物对"三滩两槽"基本格局的稳定以及深水航道的维护和发展都会带来诸多不确定的影响与变化,需要重点论证通航布置方案与“三滩两漕”的适应性问题。

(4)深中通道跨越的伶仃航道和穿越的矾石水道大小船航行习惯为多线通航,通道通航孔布置主尺度决定了航道的通航等级、是否通畅与安全,是控制航道通过能力、影响航道通航条件和航道长远发展的主要因素,一旦建设不慎,极易造成碍航,对航道通航条件、航道通航安全等产生不利影响。通航桥梁的桥墩和隧道的人工岛设置不合理将极易造成碍航,甚至导致船舶撞桥、撞岛、桥垮、船沉人亡等安全事故。

(5)通道建设期,附近水域的工程船、执法船、货船、客船、内河船交通流复杂,施工船和公共航行船之间将相互影响;运营期,桥区水域与无桥状态通航规则变化较大,需要提前研究相应的通航保障方案。

1.3　项目研究意义

深中通道项目的研究意义体现在以下 3 个方面。

(1)对保障粤港澳大湾区航运业的发展,巩固珠江三角洲沿海港口的战略地位和促进区域经济社会的可持续发展具有重大意义。

深中通道影响区内有广州、深圳、东莞及中山等华南地区重要的港口,各港的服务范围不仅覆盖广东全省,也包括云、贵、川、桂、湘、赣、闽在内的泛珠三角广阔区域。区域港口和航运业的发展为珠江三角洲地区及广东省率先实现对外开放和成为我国外向度最高的经济区域以及在向世界制造业基地发展的过程中都发挥了重要且不可替代的作用,并为维护港澳地区的繁荣和稳定做出了重要贡献。随着海上丝绸之路、珠江三角洲规划纲要、珠江-西江经济带等系列国家战略的实施,珠江三角洲沿海港口在区域经济发展格局中的战略定位进一步显现:一方面,珠江三角洲沿海港口仍将是本区域转型发展,构建国际性物流枢纽、贸易中心、金融中心和航运中心的核心资源;另一方面,随着港口辐射范围向“泛珠三角”区域的拓展,本区域港口将在服务西南、中南开放发展,构建国家全方位对外开放格局中发挥日益重要的作用。因此,深入分析深中通道影响区域经济社会发展趋势,研判航运市场船舶大型化发展前景,科学论证通道项目通航技术标准和通航影响,对保障珠江口航运业的发展,巩固珠江三角洲沿海港口的战略地位和促进区域经济社会的可持续发展具有重大意义。

(2)体现了超大型跨海通道项目航道通航条件影响评价技术发展趋势,为今后类似工程通航论证提供典范。

深中通道项目跨越了我国沿海通航密度最大、水沙环境极为复杂的珠江河口,为此,本书研究定位是集成当代最先进的水文测量技术、船舶大型化预测技术、模型试验技术、船舶操纵模拟技术、船舶防撞和评价安全风险技术成果,以提出通道项目通航净空尺度技术标准要求和安全保障措施的软科学。项目研究基于对通道区及相关地区社会经济、自然环境、港口、航道、航运、海事管理现状及发展规划等全面调查,深入分析区域经济发展趋势,科学研判航运市场船舶大型化发展前景,充分考虑相关行业主管部门对通道区通航的要求,结合本项目各项配套专题研究成果,提出通航孔(隧道)布置、通航净空尺度技术要求、通航安全保障措施,以确保通道建设对航运的发展不产生大的影响。本书研究成果和采取的评价技术路线已为国内大型河口、跨海湾类似超大型通道项目航道通航条件影响评价论证工作提供了成功案例,也是我国在超大型跨海通道通航相关专业领域技术研究中一次具有里程碑意义的理论创新和实践典范。

(3)研究成果经济效益和社会效益显著。

研究成果为交通运输部核准深中通道航道条件和通航安全影响评价意见提供了技术支撑。桥隧组合方案可行性的研究结论节省了约100亿元的工程投资,更为重要的是避免了采用全隧方案所导致的大直径超长海底隧道工程运营风险;船舶大型化预测方法和成果为全国沿海港口布局、"一带一路"跨海通道工程的建设提供了关键指导;通航孔内航道布设、隧道埋置深度相关技术为海轮航道通航标准制订奠定了重要的实践基础;海事保障方案为超大型跨海通道工程海域通航安全保障提供了先进示范。

第2章 国内外研究概况

2.1 国内研究概况

为使桥梁通航净空尺度和技术要求的审查工作程序化、规范化，使桥梁建设符合国家规定的通航标准，以适应水运发展需要，确保船舶、排筏的航行安全畅通，根据《中华人民共和国航道管理条例》及其《中华人民共和国航道管理条例实施细则》和国家有关法律、技术标准，交通部制定了《跨越国家航道的桥梁通航净空尺度和技术要求的审批办法》(交基发〔1994〕906号)，并于1994年10月1日起实施。按照该审批办法，《桥梁通航净空尺度和技术要求论证研究报告》的编制主要内容包括：任务依据，桥梁工程的桥位方案及桥型比较方案，桥区航道、港口、航运现状及其发展规划，桥区水道建桥前后河床、海床的演变分析，桥位方案的通航要求论证，确定设计最高通航水位的依据，通航净空标准和通航孔布置的论证，桥区通航条件、航线规划和安全保障措施，存在问题和有关建议等十个方面。附件包括桥区水道建桥前后河床、海床演变分析报告，对变化复杂的河床、海床建桥后的河工模型试验报告，对变化复杂的桥区水道建桥后的船模试验报告以及其他必要的专题研究报告。

自1994年交通部印发《跨越国家航道的桥梁通航净空尺度和技术要求的审批办法》(交基发〔1994〕906号)以来，随着经济社会的快速发展，桥梁等过江、跨海通道的建设需求日益增加，对水路运输和通航安全提出了更高要求，为此2011年交通运输部发布了《中华人民共和国水上水下活动通航安全管理规定》(交通运输部令2011年第5号)，进一步明确"按照国家规定需要立项的对通航安全可能产生影响的涉水工程，在工程立项前交通运输主管部门应当按照职责组织通航安全影响论证审查，论证审查意见作为工程立项审批的条件"。通航安全影响论证的内容包括工程的选址、航道条件、桥梁通航净空尺度、技术要求、通航环境安全等。为进一步规范桥梁通航安全影响论证报告的编制工作，交通运输部水运局组织编制了《桥梁通航安全影响论证报告编制规定》(JTS 110-9—2012)，并于2012年12月1日起实施。按照《桥梁通航安全影响论证报告编制规定》(JTS 110-9—2012)，论证报告的内容应包括：概述，桥位河段条件、海域通航环境，相关规划，河床、海床演变分析，桥位方案论证，桥梁通航净空尺度及桥跨布置方案论证，桥梁通航安全影响分析，航道与通航安全保障措施，结论与建议等九个方面。在洲滩易变的河段及枢纽回水变动段、海床变化复杂的海域应开展河床或海床演变专题研究；工程建设对河床或海床变化、水沙条件有较大影响时，应开展模型试验研究；在复杂通航水域，开展通航安全模拟试验，必要时开展实船试验。

交通运输部水运局依据《中华人民共和国航道法》和《航道通航条件影响评价审核管理办法》(交通运输部令2017年第1号)，组织相关单位在《桥梁通航安全影响论证报告编制规定》(JTS 110-9—2012)基础上，吸纳跨越和穿越航道工程通航安全影响论证、航道通航条件影响评价的经验，制定了《跨越和穿越航道工程航道通航条件影响评价报告编制规定》(JTS 120-1—2018)，并于2018年6月1日起实施。按照《跨越和穿越航道工程航道通航条件影响评价报告编制规定》(JTS 120-1—2018),评价报告包括评价报告、图纸及必要的专题研究报告及附件。评价报告的主要内容包括:概述,自然条件与河床、海床演变,工程河段、海域通航环境,现状与规划,工程选址符合性论证,工程通航尺度及技术要求论证,工程对航道条件的影响评价,工程对通航安全的影响评价,航道与通航安全保障措施,结论与建议等十个方面。在洲滩易变的河段及枢纽回水变动段、海床变化复杂的海域应开展河床或海床演变专题研究;工程建设对河床或海床变化、水沙条件有较大影响时,应开展模型试验研究;在复杂通航水域,开展通航安全模拟试验,必要时开展实船试验;在内河Ⅳ级以上航道或沿海 3 000 吨级以上海轮航道建设穿越工程,必要时开展应急抛锚贯入深度研究。

综上所述,交通运输部自 20 世纪 90 年代起发布并不断完善了跨越穿越航道工程通航条件影响评价报告编制规定。编制规定不仅明确了报告的主要内容和文本格式要求以及必要的技术性支撑专题研究报告;同时提出了航道通航条件影响评价报告应符合相关法律、法规、规章的规定和相关规划,所依据的基础资料应齐全、翔实、可靠等具体要求,因此国内航道通航条件影响评价已逐步形成了较为完善的技术体系框架。

2.2　国外典型项目研究概况

国外对于跨海通道项目通航研究以丹麦至德国费马恩跨海通道项目桥梁通航研究(Femern belt fixed link summary of navigational studies bridges)为典型案例进行简要阐述。

费马恩跨海通道从费马恩海峡丹麦一侧的 Rødbyhavn 至德国一侧费马恩岛的普特加登(Puttgarden),全长 19 km,见图 2-1。

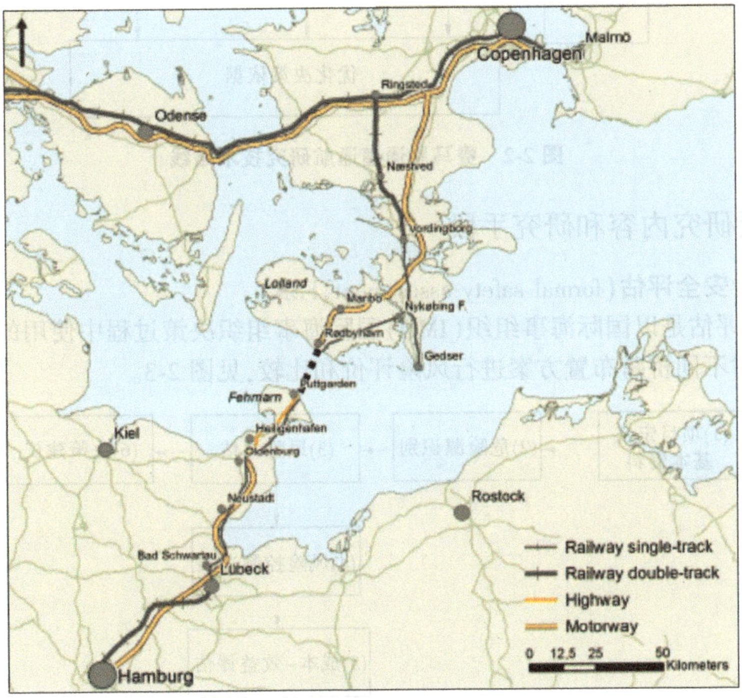

图 2-1　费马恩通道地理位置示意图

2.2.1 研究目的

通航研究的目的是为有关部门评估航行安全和通航布置提供决策依据。

2.2.2 研究重点

研究工作的重点是论证跨越费马海峡连接通道船舶通航安全和效率。

2.2.3 研究的技术路线

研究的技术路线见图 2-2。

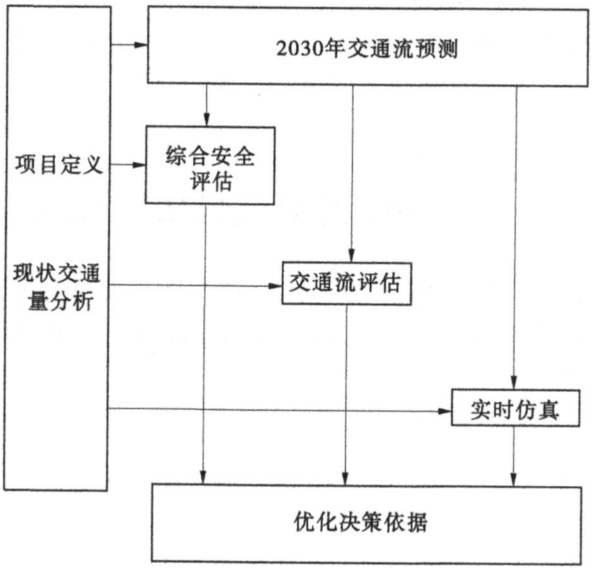

图 2-2　费马恩通道通航研究技术路线

2.2.4 主要研究内容和研究手段

2.2.4.1 **综合安全评估**(formal safety assessment,FSA)

综合安全评估是以国际海事组织(IMO)国际海事组织决策过程中使用的综合安全评估导则为基础,对不同桥跨布置方案进行风险评价和比较,见图 2-3。

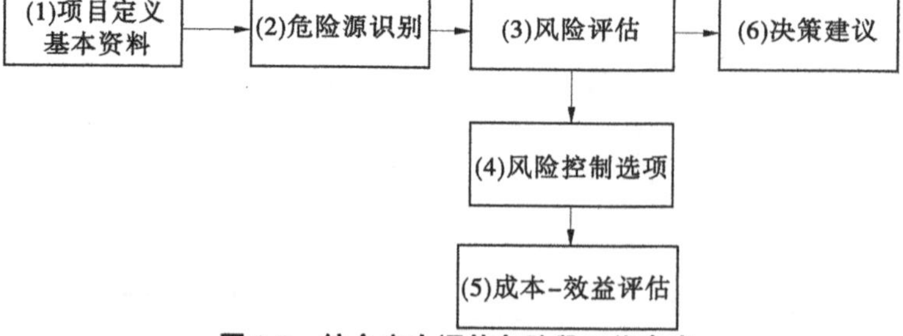

图 2-3　综合安全评估各阶段工作内容

2.2.4.2　**交通流评估**(traffic flow assessment)

根据预测的远期交通,开展交通流评估以量化分道通航制(TSS)的有效性。

2.2.4.3　**实时仿真**(real-time simulations)

实时仿真是在通航研究中采用模拟器评估特定的桥梁和航道布置是否能够满足费马恩地区未来船舶通航要求。进行仿真的过程阶段见图 2-4。

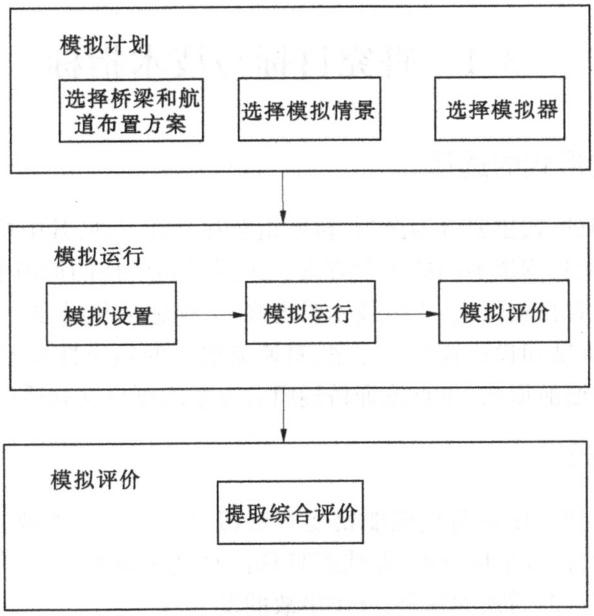

图 2-4　进行仿真的过程阶段

2.2.5　通航方案决策

通航方案的决策,从综合安全评估、交通流评估和实时仿真 3 个方面的综合分析后提出推荐意见。

第 3 章　项目关键技术与方案

3.1　研究目标与技术指标

3.1.1　通道通航形式的选择

跨海通道的通航形式主要分为全桥、桥隧组合和全隧三种,其中桥隧组合根据不同的通航环境可以提出桥梁和隧道不同的组合方案。按照最为严格的通航要求,全隧是适应性最好的,但是全隧存在着投资巨大、工程技术难度高、工程施工和运维安全风险高等不利因素。全桥作为工程技术难度和投资较小的方案,对通航要求的适应性较差。本次研究需要从多方面、综合比选各种通航形式,重点论证桥隧组合方案的可行性和适应性。

3.1.2　通航孔的布置

通航孔的布置与航道(航路)、船舶密度有密切关系。通道水域的船舶流量较大,纵横交错,船舶种类复杂,桥区水域宽阔、路线跨越珠江水网多条水道。合理布置不同规模的通航孔,有利于船舶航行的通畅和安全,减少事故的发生。

3.1.3　隧道口门宽度

关于隧道口门的宽度国内尚未具体规定,港珠澳大桥按照其工程的实际情况,进行了初步探讨,提出了确定的初步方法。深中通道较靠近河口,河流特性较港珠澳大桥显著,关于口门宽度的确定除满足通航基本要求外,对河势的影响、航道的安全、通航安全管理的影响、行洪要求等均需予以考虑。

3.1.4　桥区通航安全

通道水流环境复杂、通航密度高,航路交错,通航环境复杂,制定周密和完善的通航安全保障措施十分重要。为此针对不同建设方案,研究工程建设对通航环境和船舶通航安全的影响,并从通航安全角度分析和对比不同建设方案的优点和不足,从通航安全的角度提出改进方案的建议和措施以及针对工程推荐方案提出导助航设施配布建议和船舶交通监管系统建设要求。

3.1.5　对周边水沙环境和港口航道稳定性的影响

跨江通道水域地处伶仃洋“三滩两槽”核心水域,多条通航水道和珠江多个入海口门在通道附近通过。工程建设有可能对这些水域的水下地形产生影响,从而对分布在这些地区的港口和航道带来不利影响。为此,采用海床演变分析技术、潮流泥沙数学模型和物理模型试验等研究手段,对水下地形的冲淤进行分析和研究,根据试验结果调整方案,确保工程方案不会对港口航道以及“三滩两槽”的长期稳定产生明显的不利影响。

3.2　主要研究内容与关键技术

深中通道项目跨越了我国沿海通航密度最大、水沙环境极为复杂的珠江河口。项目的航道通航条件影响评价涉及桥隧选择、港口航道影响、桥隧通航净空尺度技术标准、通航安全影响等众多方面,是集港口、航道、航海、船舶、通航安全、公路、海洋、水利、环保等多学科的综合性研究项目。本书研究采用系统论证的方法,综合运用港口和航道规划、水运经济分析、船型预测、水沙环境影响预测、船舶操纵模拟、通航风险分析、防船撞研究等多领域融合技术和创新理念,形成了航道通航条件影响评价成套关键技术。

3.2.1　基于全球航运发展视角和保护航运核心航道资源理念的通航船舶大型化多元分析和预测技术

航道是水运的基础,是港口的生命线,是国家重要的交通基础设施,属于有限的不可再生的战略资源,沿海、沿江等水运发达地区历来都是我国国土开发的重点地区和对外开放的先导地区。航道具有沟通东西、连接南北的特点,可以为产业聚集、经济转型、产业转移、城镇化等经济发展提供水上运输大通道。目前,珠三角作为我国经济和贸易最发达的区域之一,依托珠江口丰富的航道资源,其港口已经形成以大湾区港口为核心、粤东粤西港口为两翼的世界级港口群,港口航运的发展已经成为粤港澳大湾区经济社会发展的最重要支柱产业之一。

由于跨越、穿越航道的建筑物大多是永久性的,使用期很长,对航道通航条件的影响是长期的,一旦建成,改建难度极大。因此,为使跨越、穿越航道的建筑物建设不致限制腹地未来经济发展,保障航道功能的正常发挥,保障航运健康、稳定、可持续的发展,在进行跨越、穿越航道的建筑物建设时除充分考虑航道现状技术等级和通航要求外,还必须充分考虑远景规划船型和航运、航道长远发展的需要。航道规划发展技术等级决定了航运资源开发的最大规模和等级,也是建设跨越、穿越航道建筑物设施的最重要依据。

由于沿海深水航道发展潜力巨大,其航道发展规划技术等级的确定需要具有极大的前瞻性,并为航运的长远发展预留充足的空间,代表船型的确定应考虑未来 30~50 年的船舶发展趋势,经济运输量大、船舶航行密度高的重要航道,经论证采用更长的年限。航道发展规划技术等级与通航船舶等级密切相关,也与通航船舶大型化基本一致,特别对于桥梁,超大型船舶的净空高度决定了航道的通航等级。

随着全球经贸一体化、造船技术创新升级、航运联盟格局重构,为适应海运贸易量的持续增长,进一步降低运输成本,船舶大型化发展趋势日趋明显。集装箱船舶大型化发展尤为迅速,从最初的 1 000 TEU 载箱量发展至目前主力的 18 000 TEU,23 000 TEU 超大型集装箱船订单持续增加,25 000 TEU 双燃料超大型集装箱船舶研制技术也已成熟。适应船舶大型化发展趋势是作为我国主要对外窗口的珠三角融入国际物流产业链、参与国际经贸竞争合作的客观要求,更是落实粤港澳大湾区战略、共建粤港澳全球航运枢纽的重要内容,使珠三角航运业的发展处于一个前所未有的新时代和新阶段,对航运相关的基础设施等级及跨海通道通航标准提出了更高的要求。

深中通道是跨珠江河口的超大型通道工程,设计寿命百年以上,项目的船型预测至少考虑50年发展趋势。其中,伶仃航道桥上游的广州港是我国沿海主要港口,集装箱吞吐量约占到整个珠三角的三分之一,邮轮产业发展迅速。深入论证伶仃航道船舶大型化发展趋势,合理确定远期最大通航船舶,是确定通道桥梁通航方案、保护珠三角核心航道资源的最为关键的技术支撑和依据。

虽然船舶大型化是船舶的基本发展趋势,但是具体预测未来船舶的尺度参数是一个非常复杂的问题。传统基于单一或简单因素预测的最大船型可能仅仅是一段时期内的"最大",很可能在未来某个时间被突破。本次研究首次创新地集成了各个与船舶发展相关联的技术领域,放眼全球航运业发展,从促进和制约船舶大型化发展的诸多因素角度进行系统分析。

船舶大型化一方面不能忽视现实条件的制约,同时又需要结合科学技术发展不囿于现实条件的制约。运输需求和造船技术的发展是船舶大型化的基础条件。运输需求发展达到一定规模,同时造船技术不断进步,能够研发、设计、制造更大的船型,船舶才具备进一步大型化的可能性。市场因素是船舶大型化的内生动力。市场因素包括降低成本、适应市场竞争需要和节能减排等技术革新应用。主要航线的通航制约条件和相关港口设施条件是制约船舶大型化的重要因素。为更好地揭示船舶大型化发展的规律和趋势,需要站在当今船舶发展的新高度,以时间为轴,在总结过去船舶大型化特点的基础上,从宏观、中观和微观的角度,划分为经济因素、限制因素、技术因素和外协因素等多元的系统以展望和研判未来船舶大型化发展趋势和情景。

(1)经济因素(宏观):需要结合至少未来50年世界经济发展趋势,判断国际航运业的发展趋势和特点,分货类预测海运需求。从船舶公司和码头公司等不同相关利益方的角度,基于海运国际贸易和船舶运营成本分析船舶尺度大型化发展的需求和动力。

(2)限制因素(中观):对于集装箱船需要分析主要海运航线和未来可能拓展海运航线及限制因素对集装箱船大型化的影响,主要航道上限制集装箱船尺寸的因素分析(包括苏伊士运河、巴拿马运河、马六甲海峡、直布罗陀海峡、曼德海峡等跨运河和海峡大桥、船闸尺度分析),以及通航管理规定。

(3)技术因素(微观):对于集装箱船需要从建造技术和新型材料应用角度预测最大的船型尺度,考虑例如船长对于超大型集装箱型的总体强度的影响、高强度钢板厚度技术极限值分析、船体宽度对波浪弯矩和静水弯矩的影响、由于船体加宽加重船舶两舷的翘曲变形、集装箱绑扎桥和高层堆垛相关技术、集装箱自身强度和最大堆重高度分析等因素对集装箱船大型化的影响。对于邮轮需要考虑邮轮烟囱升降等新技术的应用对于通航尺度的要求。

(4)外协因素(微观):对于集装箱,需要考虑大型集装箱船舶停靠的港口设施,包括码头扩建、航道疏浚、锚地开辟和装卸设备等;对于邮轮,需要考虑港口和救援配套设施在正常和应急情况下,对邮轮的供给压力等因素。

3.2.2 综合国内外通航规定和理论以及珠江口航道复杂通航特点和需求的通航尺度论证技术

航道是由一定的宽度、深度、弯曲半径和净空高度等要素构成的,供一定吨位船舶航行的连续性的通道,如果某一处达不到标准,就会造成整条航道不能畅通,甚至断航。跨越、穿越航道的建筑物主尺度决定了航道的通航等级和通畅与安全,是控制航道通过能力、影响航道通航条件和航道长远发展的主要因素,一旦这些设施建设不慎,极易造成碍航,对航道通航条件、航道通航安全等产生不利影响。对于桥梁等跨越航道的建筑物,通航净空高度主要取决于通航船舶大型化发展水平,而通航净空宽度决定了船舶通行的通畅性和安全性,通航净空宽度不足,会制约航道的通过能力,影响航运发展。同时,对于隧道等穿越航道的建筑物,一旦埋设深度不能满足要求,也将导致航道水深不足或航道需要进一步浚深时难以实施疏浚保通,甚至在船舶抛锚时对建筑物造成损毁。特别是在大型河口海湾的跨海工程中,通航桥梁的桥墩和隧道的人工岛设置不合理将极易造成碍航,甚至导致船舶撞桥、撞岛、桥垮、船沉人亡等安全事故。

本次针对通航孔桥梁净空宽度、隧道埋置深度和隧道区口门最小宽度的深入研究,综合了国内外通航相关规定和理论,以及珠江口航道复杂的通航特点和需求,创新性地提出了相应的计算方法,可为相关规范的完善和修订以及今后类似工程提供支撑和借鉴。

3.2.2.1　限制性航道和自由通航共存的大小船多线通航桥梁净空宽度论证

近年,我国在沿海大型海湾、入海河口规划和建设了多条重大通道,大型海湾、河口水域通航环境复杂,大型船舶和小型船舶交汇航行,为充分利用有限的航道资源,提高航道通过能力,小船会在大船两侧分道航行,大船航行航道往往为需要人工疏浚的限制性航道,小船吃水相对较小可实现自由通航,会出现多线通航的情况,单孔跨越多线通航航道桥梁通航净空宽度的确定是决定通航孔桥梁通航方案通畅性和安全性的关键。

深中通道跨越的伶仃航道位于伶仃洋以及珠江河网水系,属于典型的复杂河口海湾水域,航道不仅通航海轮还通航江海轮,大小船在此交汇航行,对于大型的通航代表船型,该航道为人工限制性航道;对于小型船舶,该水域为航道水深大于船舶吃水要求的自然开敞航道,结合伶仃航道通航特点,桥梁方案推荐采用单孔多线通航布置方式。桥梁的主塔墩位于浅水区,主航道内深水大型船舶偏航失控后不会撞击到桥墩,但对于在大船两侧航行的小船,由于吃水较浅且靠近桥墩,具有一定的撞击桥墩风险。多线通航还存在大小船相互影响等不确定因素,现行国内相关规范尚未给出具体的跨越多线通航航道桥梁通航净宽的计算方法。

本次研究在国内相关规范和标准的基础上,分析大小船多线通航航道通航特点并结合国内外船舶航行理论,首次提出了限制性航道和自由通航共存的大小船多线通航桥梁净空宽度的计算方法。

1. 国内航道通航宽度的确定方法

根据《海轮航道通航标准》(JTS 180-3—2018),航道通航宽度由航迹带宽度、船舶间富裕宽度和船舶与航道底边线间的富裕宽度组成。单线和双线航道通航宽度可分别按式(3-1)和式(3-2)计算。

单线航道
$$W=A+2c \tag{3-1}$$
双线航道
$$W=2A+b+2c \tag{3-2}$$
$$A=n(L\sin\gamma+B) \tag{3-3}$$

式中:W 为航道通航宽度,m;A 为航迹带宽度,m;c 为船舶与航道底边线间的富裕宽度,m;b 为船舶间富裕宽度,m,取设计船宽 B;n 为船舶漂移倍数;L 为设计船长,m;γ 为风、流压偏角,(°);B 为设计船宽,m。

复式航道通航宽度的组成可参照《海港总体设计规范》(JTS 165—2013)(见图 3-1),航道通航宽度相关参数计算方法与《海轮航道通航标准》(JTS 180-3—2018)相同。

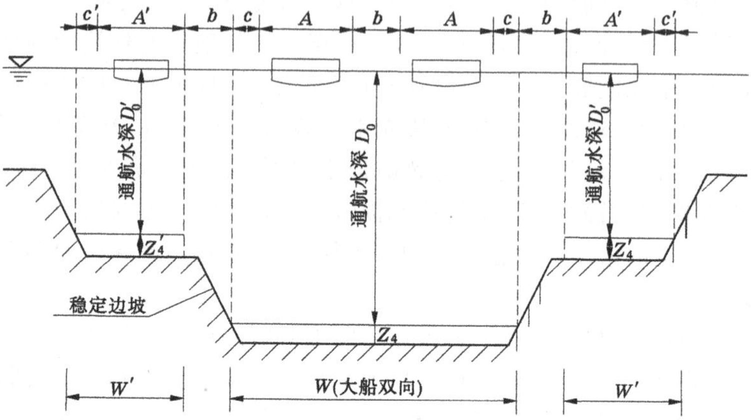

注:A—航迹带宽度;c—航舶与航道底边线间的富裕宽度;b—船舶间富裕宽度。

图 3-1　复式航道横断面图

2. 船舶领域理论

按照国际桥梁及结构工程协会(简称 IABSE)关于自由通航船舶领域的相关研究和规定,满足一定保证率的代表船型的船舶领域为长轴为 8 倍船长、短轴为 3.2 倍船长的椭圆范围,以每艘通行船舶不进入相邻船舶领域为原则确保通航安全,桥梁通航净空宽度按照船舶领域理论进行计算。

3. 多线通航航道桥梁通航净宽计算方法

多线通航航道通航方式为大船在航道靠中间航行,小船在大船两侧靠边航行。大船航道可以为单向、双向和复式 3 种航道形式,通航宽度范围内需要进行人工疏浚至通航水深,航行的船舶一旦偏离航道会在边坡或浅滩上搁浅,跨越桥梁桥墩只要在大船通航宽度以外,即可避免船撞风险。因此,大船航道通航宽度可根据《海轮航道通航标准》(JTS 180-3—2018)的相关规定计算。小船航道不需要人工疏浚,是可以利用天然水深自由通航的非限制性航道。国内规范没有明确给出这种情况的通航净空宽度,需要结合适用于自由通航船舶的船舶领域理论进行计算。

对于最复杂的多线通航航道情况的单跨桥梁通航净空宽度的确定,也就是大船航道为人工限制性航道,小船在该航道边线以外的两侧水域靠边航行,通航孔内主航道、辅助航道通航宽度可按照国内规范计算取值,在航道两侧靠近桥墩的小船航道自由航行通航净宽可按照 IABSE 规定,单向通航净宽按照 3.2L(L 为船长)计算。综上,多线通航航道桥梁通航净空宽度按式(3-4)计算,其计算方法平面图和断面图见图 3-2。

多线通航航道桥梁通航净空宽度=大船主航道有效宽度+分隔带宽度+大船辅助航道有效宽度+小船航道通航净宽　(3-4)

3.2.2.2　适应自然冲刷和人工活动共同作用的隧道埋深论证

由于航道受地理位置、水沙条件、洲滩格局、通航环境、航运需求等影响,不同航道的通航条件要求相差较大,且随时间推移变化复杂,规律难以掌握。隧道埋置深度的确定需要以通航需求为根本,充分考虑自然冲刷和航道疏浚、人为挖沙等共同影响,本次研究在充分考虑了珠江河口河势和航道的自然发展和人工活动影响后,提出了综合考虑自然和人工作用

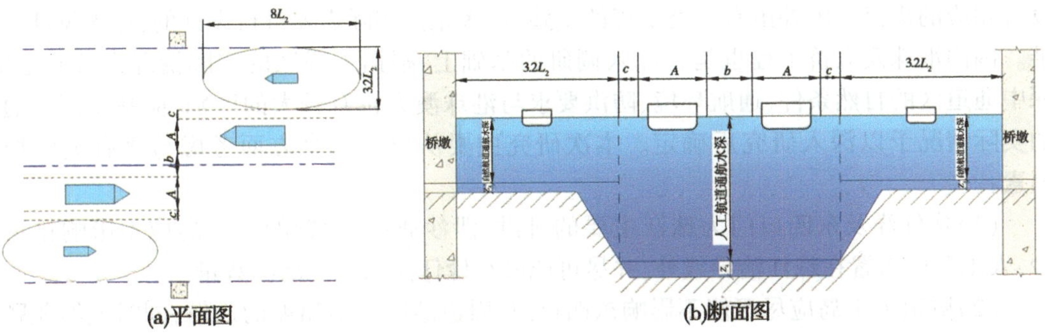

图 3-2　多线通航航道桥梁通航净空宽度计算方法平面和断面图

的隧道埋深论证技术方法，相关成果也为 2018 年颁布的行业标准《海轮航道通航标准》(JTS 180-3—2018)关于穿越航道建筑物、构筑物埋设要求相关条款的制定奠定了重要的理论和实践基础，穿越航道建筑物、构筑物埋深见图 3-3。

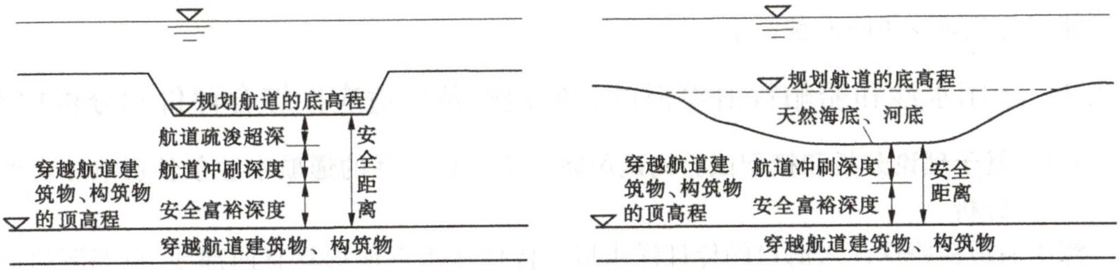

图 3-3　穿越航道建筑物、构筑物埋深示意图

本次研究隧道区通航安全深度(不包括隧道顶面抗浮安全覆盖层)考虑了隧道区海底可能的最大自然冲刷深度、通过隧道水域的最大船舶的航道设计水深、航道施工超深及安全富裕深度等自然和人工作用因素。

1. 自然冲刷深度

根据珠江口历年水深变化，使用包络线法分析大铲航道、机场支航道、矾石水道、伶仃航道、龙穴南水道隧道所处河道断面历史上发生的自然最大冲刷。

2. 代表船型最大船舶的航道设计水深

根据对各水道进出港船舶和船舶大型化趋势的分析和预测，确定未来通过大铲航道、机场支航道、矾石水道、伶仃航道以及龙穴南水道隧道处的满载最大船舶。

3. 航道施工超深

根据工程地区航道施工情况，确定施工超深。

4. 安全富裕深度

安全富裕深度主要考虑意外事故迫使船舶在隧道区应急抛锚等危险情况下应留出的土层厚度。

5. 挖沙影响

本次研究也考虑了由于局部水域人工采沙形成的局部深坑(潭)有可能超过航道开挖深度的情况。

3.2.2.3　多船舶交通流并行的多航道宽阔水域隧道区口门最小宽度论证

关于在宽阔水域建设桥隧组合工程，如何合理确定隧道口两人工岛之间的宽度，目前尚没有相应的规范。国外虽有这类工程的实践，但多是按实际需要进行设计的，亦未见此类标准。国内港珠澳大桥工程也是在深入调研的基础上，根据工程区的实际情况进行确定的。深中通道区的自然条件、通航环境、防洪要求与港珠澳大桥有较大的区别，应基于深中通道的实际情况予以深入研究后确定。本次研究主要从以下几个方面考虑与之有关的控制因素：

(1)伶仃洋及东四口门为珠江主要的排洪、泄沙通道，设置的人工岛应不影响排洪泄沙，人工岛应布置在珠江治导线外，并尽可能减小伶仃洋内人工岛的数量。

(2)隧道人工岛应尽可能不影响东四口门、周边港区进出船舶的通航，同时能够兼顾小船习惯航路。

(3)隧道区的自然环境条件，包括水流的流速和流向、泥沙运移的特征和冲淤分布情况、海床演变的趋势以及工程可能引起的水环境变化。

(4)需要满足通过隧道区各种航道的现状和未来发展可能达到的规模、尺度和数量。

(5)为了保证船舶通航和隧道本身的安全，需考虑必须给出的预留量以及在意外情况下可能避免或减少风险的预留量。

3.2.3 运用水沙和船舶数值模拟试验的通航条件适应性综合评价和分析技术

3.2.3.1 基于理论分析和模型试验构建风险等级评价体系的通航水沙条件影响综合评价分析

深中通道横跨珠江入海口的伶仃洋水域。伶仃洋水下地形具有西部浅、东部深的横向分布趋势和湾顶窄深、湾腰宽浅、湾口宽深的纵向分布特点。近百年来在自然动力条件下水下滩槽分布呈“三滩两槽”的动力地貌格局，“三滩”指西滩、中滩和东滩，“两槽”指东槽和西槽，如果没有大的变革，这种格局还将长期存在下去。

但近年来在伶仃洋中滩和东槽出现了大规模挖沙活动，造成了该区域出现了大范围和超深度的采沙坑。伶仃洋水下地形在 2008 年及以前仍能保持完整的“三滩两槽”形态。2011 年地形图显示(见图 3-4)，由于伶仃洋水域的大规模和高强度采沙活动，中滩和东槽部位形成了大范围、局部水深超过 20 m 的采沙坑，挖沙量达到了 2.3 亿 m^3。从 2011 年到 2016 年间，随着采沙规模的扩大，采沙坑范围向南拓展并在靠近伶仃航道的东侧出现了新的采沙坑，其间累计挖沙量 4.8 亿 m^3。采沙坑改变了伶仃洋原有的滩槽格局分布情况，宽浅的东槽变成了宽深通道，局部区域的“三滩两槽”形成了“四滩三槽”的格局(见图 3-5)。8 年时间，大规模采沙活动使得内伶仃洋 750 km^2 水域的海床床面高程平均下降了将近 1 m。伶仃洋中滩和东槽所在的地貌单元已被采沙坑严重破坏，采沙活动对伶仃洋地貌格局的改变速率远远超过了大自然的力量。

深中通道推荐采用的西桥东隧方案正好穿过这片巨型采沙坑。巨大的人工深潭地貌、通道桥梁墩柱和人工岛等涉水建筑物的共同影响，势必会引起伶仃洋水域的水动力分布和潮流流态的调整变化，对“三滩两槽”基本格局的稳定以及深水航道水文条件带来诸多不确定的影响因素。

本书研究针对深中通道跨江工程所处海域的环境复杂性和工程敏感性，通过基础资料分析和模型试验主要解决和回答以下 3 个方面的关键问题：

(1)工程建设前海域现状水沙环境的复杂性分析。深中通道跨江位置更靠近珠江东四

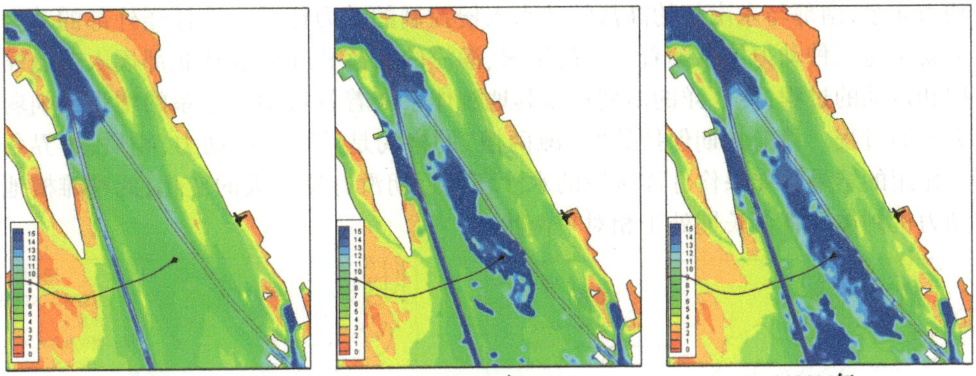

(a)2008年　(b)2011年　(c)2016年

图 3-4　伶仃洋水下地形变化对比

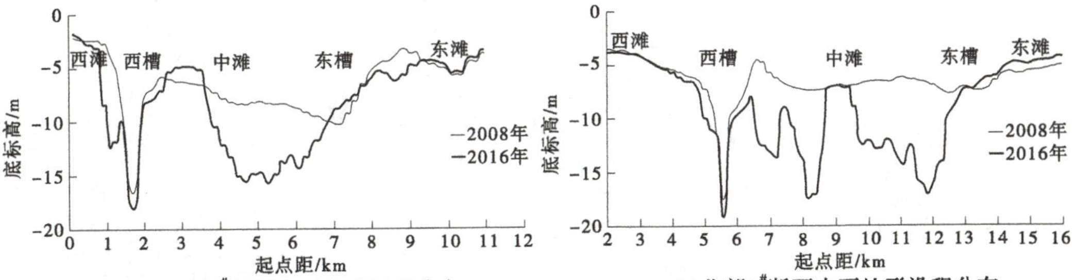

(a)北部1#断面水下地形沿程分布　(a)北部2#断面水下地形沿程分布

图 3-5　断面地形变化

口门的入海口位置，易受径流和河道输沙影响，水下滩槽变化相对较大；同时近年来伶仃洋中滩和东槽形成的巨型采沙坑已严重威胁到伶仃洋“三滩两槽”的地貌格局，随之产生的动力格局调整对现有航道的通航条件和深中通道工程有何影响。

（2）工程建设引起的伶仃洋水沙环境变化以及对港口航道的影响分析。深中通道跨江工程沿线分别与横门航道、龙穴南航道、广州港出海航道、矾石水道以及深圳机场航道等交汇，通道上游有广州港南沙港区，下游有深圳港大铲湾港区，同时也要满足龙穴岛海洋平台进出珠江口需求以及矾石水道作为深水航道的规划，通道水域的通航环境显得异常复杂。工程建设对周边港口和航道的影响分析及建设方案的适应性将是工程方案比选和研究的重点。

（3）通航方案对航道水文条件影响的综合评价。根据潮流泥沙数值模型模拟的工程建设后通航水文条件的变化情况，对通航区水域的通航水文、流速和航道回淤情况进行分析。依据建立的通航水文条件影响等级评价体系，对各通道方案进行综合评价。

针对上述 3 个方面的重要研究内容，分别采用伶仃洋动力地貌体系分析和潮流泥沙数学模型试验两种研究技术手段，对通航水文条件影响进行综合评价。

（1）伶仃洋动力地貌体系分析技术。

伶仃洋河口海湾存在三大动力—沉积地貌体系。伶仃洋“三滩两槽”的地貌格局（见图 3-6）是由河口湾三大动力体系长期作用形成的（见图 3-7）。三大动力体系即西北部横门、洪奇沥和蕉门等河流作用为主的分流河口注入的淡水径流动力体系，北部的虎门潮汐通道动力体系，南部与东南部的高盐陆架水入侵控制的动力体系。伶仃洋外部的动力过程实际上就是这三种动力体系随着径流的增减、潮汐的涨落和陆架水从底部楔入或退缩而相互作用和运动的过程，伶仃洋的演变正是其地貌体系随着各自动力体系的增强或削弱而发展或衰退的过程。目前长期保持的“三滩两槽”的格局是其特定的动力、物质、边界条件长期相互作用的结果。如果伶仃洋水域的水沙环境近期没有发生大的变化，此种滩槽地貌格局和动力机制体系将会长期处于相对平衡状态。

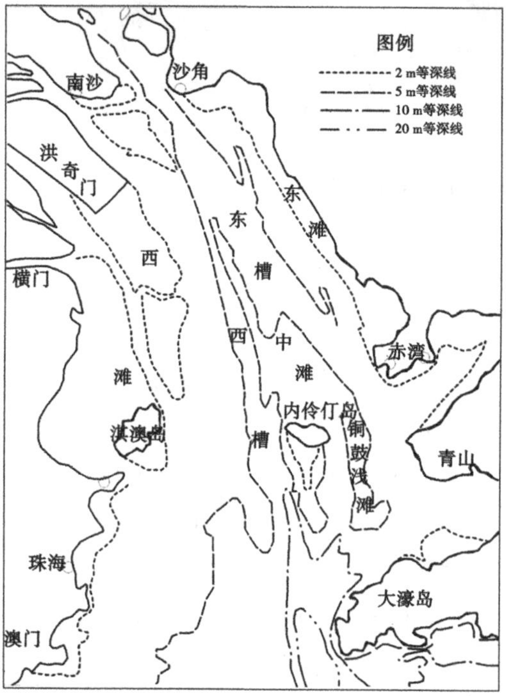

图 3-6　伶仃洋“三滩两槽”地貌格局

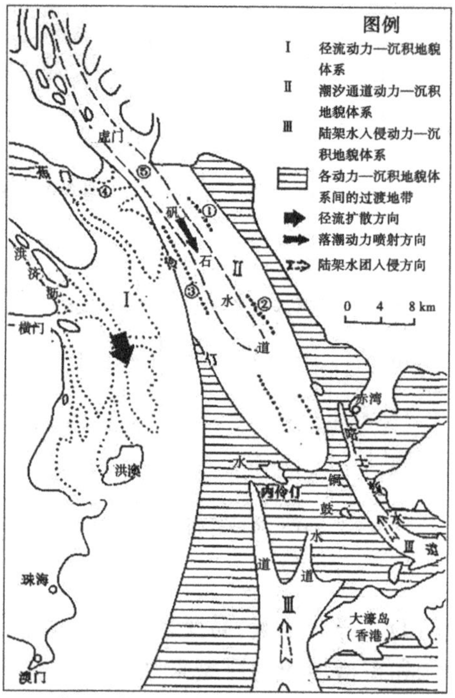

注：①沙；②公沙；③拦江沙；④凫州水道；⑤川鼻水道。

图 3-7　伶仃洋动力—沉积地貌体系

“三滩两槽”动力地貌体系的相互关系，可归结为：①东滩的形成和演变主要是历史过程，自成一体，不会对东槽造成不利影响；②西滩的现代淤积变化相对较为明显；③中滩的发育是历史过程和现代过程的共同结果，它的存在源自虎门的落潮射流动力和源自外海的涨潮动力，一方面成西、东两槽潮流动力轴线分歧，分别表现为落潮动力相对优势和涨潮动力相对优势的局面，另一方面又促使涨、落潮流的流束和能量在西、东两槽归槽集中，相对加强了潮流冲刷能力；④西槽存在集中强劲涨落潮流，限制和阻滞了西滩向东的淤积扩展；⑤“三滩两槽”是相互依存、相辅相成的动力地貌体系，内伶仃洋西槽、东槽数千年来一直是人们借以通航利用的根本保障。

伶仃洋三大动力体系塑造了“三滩两槽”的地貌格局，当中滩和东槽所在的地貌单元被采沙坑破坏时，地貌单元的改变将反馈给动力体系。滩槽格局的改变首先引发地貌单元间动力分布和泥沙分配情况的调整，进而对整个动力体系产生影响。如果这种改变程度不大，三大动力体系仍能维持原有的地貌格局。但如果这种改变打破了伶仃洋外部的动力体系，那么原有的“三滩两槽”地貌格局将不复存在，且会形成新的地貌形态。因而，对于巨型采沙坑引起的动力地貌单元变化及其动力机制的响应需要进行科学评估。

(2)潮流泥沙数学模型试验。

①覆盖大范围的整体数学模型构建。

深中通道工程处在珠江口东四口门汇聚的伶仃洋北部海域，所处位置比较敏感，工程对伶仃洋的动力影响范围可能会波及上游河口，因此需要建立包含三角洲河网和河口水域的整体大范围水流数学模型(见图3-8)。整体模型根据具体工程设计要求输入不同等级流量并提供给局部模型，局部模型则可精确模拟大桥工程对潮流泥沙运动、河床冲淤的影响。

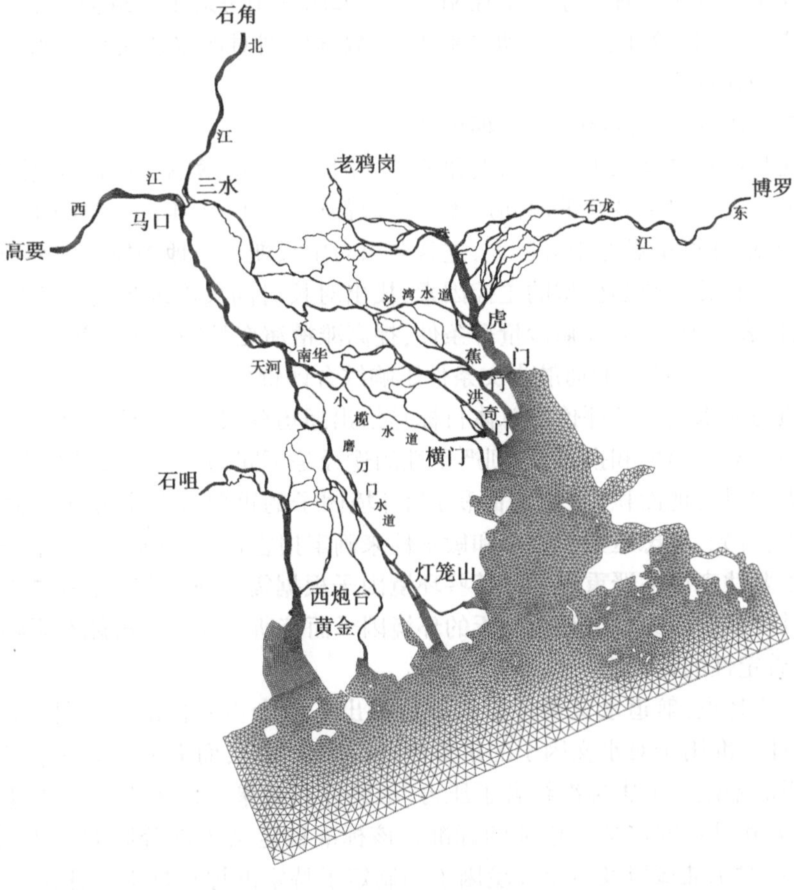

图3-8 珠江三角洲河网及河口地区整体二维数学模型范围

整体数学模型上游控制口门设在东江的博罗县、北江的石角镇、西江的高要区及老鸦岗和石咀镇，日平均流量过程可在珠江水利委员会水情网站上查询；下游边界设在大万山群岛以南15 km的30 m等深线附近水域，该边界的潮位过程可通过潮汐预报表查到。局部数学模型上游控制断面设在虎门口、蕉门口、洪奇门以及横门的小榄水道和鸡鸭水道断面，下游边界取在珠海到香港大屿山一线，模型控制水域面积约为3 000 km^2。模型的控制边界由整体模型提供。模型水深采用本工程开展的1:10 000工程水域水下地形测图和2008年实测伶仃洋水域1:30 000(珠江基准高程)的水下地形图插值得到。

②非结构网格剖分计算域。

开发建立了基于非结构(三角形)网格的模拟小尺寸建筑物附近流场的潮流泥沙数学

模型。针对计算域内岛屿较多、岸线曲折、边界复杂的特点，采用三角形网格对计算域进行剖分，并对各主要航道所经工程水域和港珠澳大桥工程附近水域网格进行加密，网格最小边长为 1.8 m，外伶仃洋海域水面宽阔，加大网格单元尺寸。采用有限体积法对水沙方程进行离散求解，以单元为对象进行水量、动量和沙量的平衡。统一采用三角形单元对计算区域进行离散，并将单一的网格单元作为控制元，物理变量配置在每个单元的中心。

③考虑建筑物边壁阻力效应。

深中通道工程沿线含有大量的桥墩及大型人工岛等建筑物，大量建筑物边壁对水流产生的阻力效应不可忽视。在数学模型控制方程的摩阻项中考虑了建筑物边壁产生的阻力作用。提出了边壁摩阻系数随水深变动关系式，使数学模型对涉水建筑物阻水效应模拟的准确性和可靠度明显提高。

④解析控制因素优化滩槽演变长期模拟。

地形变化是由短时间尺度上不断变化的动力因子（径流、潮流、波浪等）作用的结果，而海岸或海床地形发生显著变化的时间尺度大多数都在月、年、十年。如果利用计算机模拟长时期的地形变化，计算量必然十分巨大，这就要求对中长期动力地貌模型的模拟效率进行优化。根据实测资料分析数学模型的主控因素，找出对长时间尺度地形变化起决定作用的输入条件，包括代表潮汐、径流和输沙量等条件，提高滩槽演变长期模拟的效率和准确率。

（3）建立等级评价体系的通航水文条件影响综合评价技术。

对于通道通航水文条件评价的总体目标是给出通道建设的综合影响程度，涉及损失和损害两个方面。对于损失和损害，达到严重性的途径是不同的。为了评估损失的严重程度，需要同时考虑项目占地面积（占用的面积）和环境因子的重要性两个方面。损害程度的评估分两个步骤：首先，考虑压力的大小和敏感性来确定损害程度；随后，通过结合损害程度和环境因素的重要性来评估严重程度。某些环境因子根据需要进行修改，具体的评估过程和所使用的工具会根据压力类型和所分析的环境因子而有所不同。尽可能对影响进行定量评估，同时伴随着定性的论证。

结合本工程特点，航道水文条件影响评价提出了两个主要标准：重要性标准和损害标准，其中重要性标准用于对水文因子的重要性进行等级划分，而损害标准则是对项目造成的损害进行分级的基础。损害标准综合了压力、敏感性和效果。使用矩阵方法进行影响评估时，还针对压力和灵敏度定义了单独的标准。该标准被定义为部分影响分析（损失程度和损害程度）。针对水陆域以及每个环境因子均制定了特定的评价标准。评价标准的目的是根据划定的等级来定级，分为四个等级（非常、高、中等、较小）或两个等级（特殊、一般）。压力和敏感性的等级划分取决于方法，而对于所有因素尽可能划分重要性和损害程度等级。

3.2.3.2 基于船舶操纵实景模拟和通航风险概率构建综合风险评估体系的跨海桥梁通航安全适应性分析

如何评价依据现有规范确定的通航净空尺度标准，是否适用于工程水域，也是本次研究重点解决的问题。本工程采用船舶操纵模拟技术和综合风险评估技术，分别从代表船型单船过通航孔和全水域风险变化两个角度评价通航净空尺度标准对工程水域通航安全的适应性。

按照《海轮航道通航标准》（JTS 180-3—2018）的相关规定，影响航道尺度的因素复杂时，航道通航宽度应进行船舶操纵模拟试验验证，必要时可结合实船观测等方式确定航道通航宽度。桥梁通航孔尺度的大小决定了桥梁通航方案对船舶通航安全适应性和桥梁防船撞的安全性。为此，本次研究借助船舶操纵模拟分析技术对通航孔桥净空宽度的适应性进行论证，以确定最优的通航方案。

本次研究设定了需要进行船舶通航模拟试验的流场，选取典型季节（枯季与洪季）的涨、落潮最大流速，使得船舶航行漂移影响最大的横风等对船舶影响最大的工况为试验工况，根据桥区不同的通航方案选取设计代表船型，进行了不同工况下的船舶操纵模拟试验。

（1）试验工况。决定研究成功与否的关键在于试验方案和工况是否全面和有针对性。本次研究的试验方案设计和工况设计均采用了最不利工况，如最大流速，较大横风，不同设计船型桥区相遇、追越，夜间航行等不同不利工况条件的组合。通过不利工况的组合，研究船舶在桥区可能最大轨迹尺度，并以此作为评价和优化通航净空宽度的参考依据。

（2）船舶模型。围绕通航设计方案，对 10 余种通航设计船型进行了建模，并根据相关规范要求，进行了模型验证。尤其 30 万吨级油船、20 万吨级和 10 万吨级集装箱船等决定通航尺度的大型船舶，对其船舶参数和运动模型进行重复验证。代表船型模型见图 3-9。

图 3-9　代表船型模型示意图

（3）实景三维模拟。本次研究期间，桥梁船舶操纵模拟采用先进的风/流动力学模型，邀请了船长、引航员进行了全程无干预试验，加上不利工况的条件设计、全三维实景模拟，模拟成果真实地反映通道船舶通航场景。船舶操纵模拟如图 3-10 所示。

深中通道无论采用全桥、西隧东桥、东隧西桥以及全隧通航方案，在原通航水域内建设一定的工程设施，均会增大通行船舶的通航风险，但不同的通航方案影响的程度各不相同，需要采用一定的方法进行评价和比选。本次研究采用定量和定性相结合的方法对通航影响进行风险分析，利用综合安全评估方法（FSA）对存在的通航安全风险进行识别和判断，并提

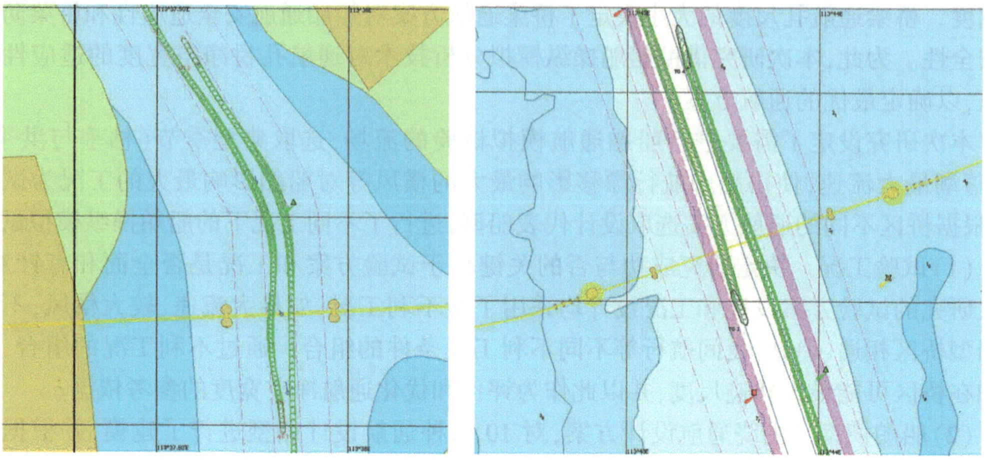

图 3-10　船舶操纵模拟示意图

出相应的对策。

(1)全面识别风险源。考虑了自然条件、水域状况和交通条件等 3 方面因素共 12 个指标的风险情况,包括风、流、能见度、航道弯曲度、通航净空尺度/船舶长度、桥梁轴线法向与水流夹角、碍航物、航道水深/船舶吃水、船舶流量、助航标志、VTS 管理和交通法规。风险评价体系结构见图 3-11。

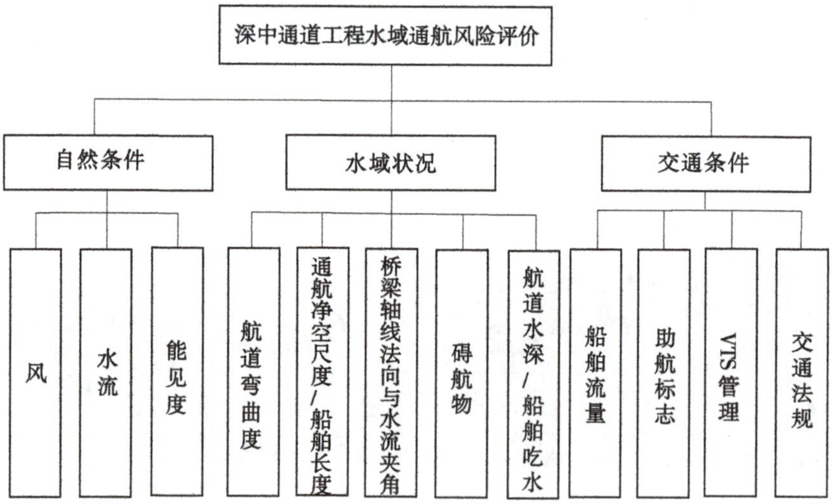

图 3-11　深中通道工程水域通航环境风险评价体系

(2)构建各因素的隶属度函数。通过德尔菲法、标准参照法、对比分析法等方法,确定了各指标风险情况的隶属度函数。

(3)引入基于事故树分析法的人为因素风险评价方法。充分结合国内外相关文献及研究成果,构建了船撞桥事故树,见图 3-12。

(4)风险分析结论深入。对各通道方案的风险水平进行了详细分析,对各因素的风险水平和缓解措施都提出了建议。

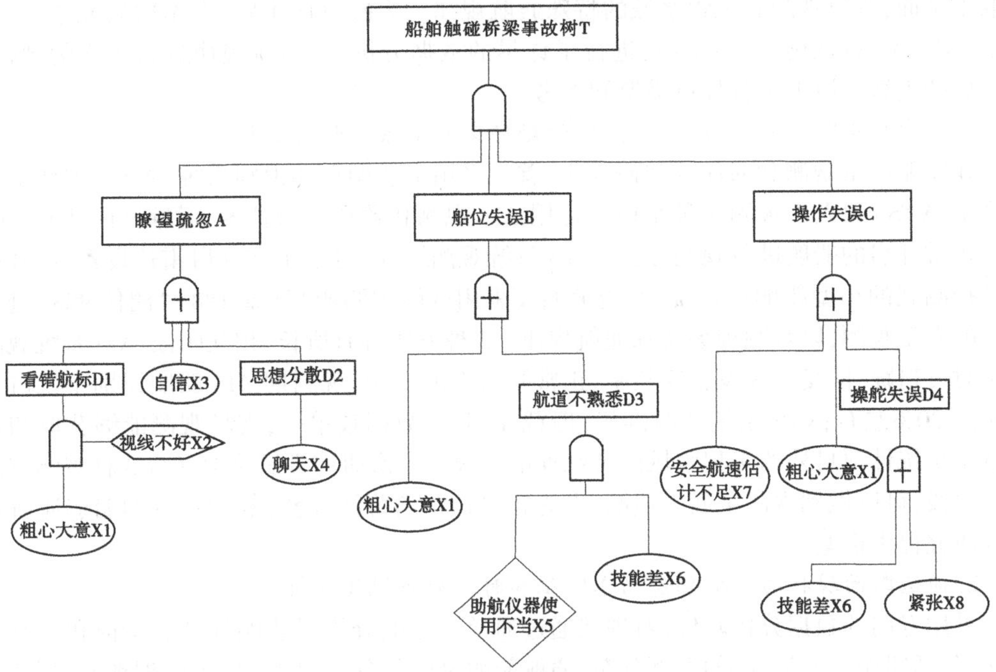

图 3-12 船撞桥事故树

3.2.4 基于通航保障任务项目化和桥梁安全理念的通航安全保障措施及分析技术

深中通道工程横跨珠江口多条重要通航水道。通道工程所处水域是船舶进出珠三角主要港口的必经之地,是我国水上运输最繁忙、船舶密度最大的水域之一。工程附近水域船舶流量大、船舶种类多、高速客船航线多、航路错综复杂、台风雷雨大风等恶劣天气频发,水域通航环境非常复杂。工程建设及运营将改变珠江口通航水域水上通航环境、船舶航行习惯等,对桥区水域现有的水上安全管理产生较大的影响。需要采取具有针对性的通航安全保障措施,并进行项目化运作,以确保通道的顺利建设;同时,为提升深中通道通航安全水平,也需充分考虑特殊情况下防船撞相关措施。

3.2.4.1 基于"AIS+VTS+现场实测"方法的船舶交通流综合观测及通航规律分析

深中通道所处的珠江口是我国沿海港口分布密度和开发强度最大的河口海湾之一,该海域往来的船舶流量密度之大、种类之多、时空分布之广,世界少有,而且海船和内河船、运输船和客船等不同类型船舶混杂交汇。跨海通道通航方案的制订必须建立在对相关海域通航船舶航行规律充分认识的基础上。这是决定跨海通道建设方案的关键问题之一,为此采用"AIS+VTS+现场实测"的船舶交通流综合观测技术开展珠江口船舶交通流观测和通航规律的研究。通过研究,掌握拟建通道工程附近目前船舶交通情况、船舶习惯航路及各习惯航路的分布特征,为研究通道工程建设对附近交通流的影响提供重要参考依据,为通航净空尺度论证及通航安全影响论证提供原始数据及参考。同时,研究成果可以为施工期航路规划及交通组织提供参考,营运期间可以为工程附近水域船舶航行管理规定的制定提供依据。在之前船舶流量常规观测研究过程中,主要注重船舶自动识别系统(AIS)的数据解析,数据获取不全面，难以观测到工程水域的特殊通航规律。为破解该难题，在本次研究中，首次使用了“AIS+VTS+现场实测”手段，进行了详尽的数据分析，对通航规律进行了深刻剖析，可为以后的重特大海上工程提供借鉴和参考。

1. 首次应用“AIS+VTS+现场实测”的船舶交通流综合观测技术

在船舶流量观测和通航规律研究中，首次采用了船舶自动识别系统（AIS）、船舶交通管理系统（VTS）和人工观测 3 种手段。运用 AIS 观测和数据解析技术，对辖区内载有 AIS 设备且正常开启的船舶进行观测；运用 VTS 系统观测统计，对未正常开启雷达设备，而被雷达信号扫测到的小型船舶进行统计；通道断面采用两艘观测船“仕泰 188”“鸿信 988”进行桥位处的人工观测，以观测现场特殊通航规律。3 种方法各有所长，相互印证，AIS 系统观测全面实时可追踪，但受 AIS 设备安装率、正常开启率的影响，观测期 AIS 船舶识别率仅占全部船舶的 80%左右；VTS 系统实时准确，但截面固定，数据较单一；现场观测能够获取和发现现有系统统计项目外的工程水域的特殊通航情况。本次研究尝试采取融合 3 种观测方法的技术手段，可以做到观测全面无遗漏，可为相关长距离跨江、跨海复杂水域的船舶通航现状调查研究提供借鉴。

2. 通道断面现状通航船舶静动态特征和时空分布规律分析

采用专门的数据分析软件，对现状通过通道的船舶分析了船舶静动态特征和时空分布规律，包括船舶交通量、船舶类型分布、通航船舶尺度分布、船舶航速分布、船舶吃水分布、船舶时间分布、船舶空间分布、船舶尺度和航速特性分析、船舶航迹线分布。

3.2.4.2 基于通航保障任务项目化的通航安全保障措施制订

为确保深中通道工程顺利实施，保障建设期及营运期工程水域船舶通航安全和大桥安全，本次研究制订了通航安全保障方案，以指导建设期的通航安全保障设施建设和工作开展。在通航保障方案制订过程中，秉承了“安全管理专职化，安全保障项目化，管理手段信息化”的三化理念，实现了“通航安全保障新概念，保障费用计算新方法，通航安全保障新体系”3 项创新，为我国大型涉水工程通航安全保障工作开展提供借鉴和标准支撑。

1. 三化理念

“安全管理专职化”是指设定专职的海事办公室，统一协调处理海事管理事务，本工程涉及深圳和广东两个直属海事局，以及广东海事局下辖的广州和中山两个分支局，遵循“安全管理专职化”的理念，设置深中通道通航安全管理办公室；“安全保障项目化”是指将水上安全保障工作进行项目化运作，将相关费用纳入工程概预算，仿照运钞护卫初期运行模式，由政府专业力量即海事部门承担；“管理手段信息化”是指保障过程中充分利用 VTS 专台/专室、智慧海事平台等现代化手段。

2. 通航安全保障新概念

“通航安全保障新概念”是指在大型涉水工程施工过程中，为防止施工船舶影响公共通航安全，避免过往船舶影响施工安全，而进行的相关水域巡航值守、宣传宣贯等一系列活动。与日常海事管理工作的区别在于主体由“公共安全”扩展至“公共安全”和“施工安全”。通航安全保障概念在港珠澳大桥建设过程中首次实践，在深中通道建设过程中进行了优化和完善，相关工作进行了标准化，大幅度地扩展了通航安全工作的外延。

3. 保障费用计算新方法

“保障费用计算新方法”是指将由港珠澳大桥实践初创，在深中通道前期工作中成型的涉水项目施工期通航安全保障费用计算方法。通航安全保障方案包括临时设施设备、导助航及监控设施、航行保障和施工保障 4 个方面的内容。临时设施设备包括导助航设施、船艇基地和保障车辆；航行保障侧重对船舶航行公共安全的保障；施工保障侧重对工程施工安全保障。该方法明确了各项内容的测算标准，目前该方法已纳入了行业标准《公路工程建设项目投资估算编制办法》(JTG 3820—2018)，为通航安全保障工作提供了法律依据。

4. 通航安全保障新体系

"通航安全保障新体系"是指在港珠澳大桥建设过程中不断摸索，在深中通道建设过程中逐渐成型的系列通航安全保障文件。具体包括水上交通安全监督管理总预案、通航安全保障合作框架协议、通航安全保障总体规划方案、通航安全保障实施协议、通航安全保障现场工作指南等。

3.2.4.3　基于桥梁安全理念的防船撞标准分析

深中通道工程桥梁结构部分本身的保护至关重要，在运用以上通航安全保障措施的基础上，为保证特殊情况下船舶撞击桥梁时桥梁结构的安全性，本次研究对防船撞标准开展了深入且系统的研究。决定防船撞标准的关键技术主要有以下几个方面：

(1) 防撞基本条件研究。包括桥区自然条件、桥位通航条件和通航船舶 3 个部分的研究。桥区自然条件主要研究气象和水文条件；桥位通航条件主要研究航道的现状及规划、通航水位、通航净空尺度、桥区周围锚地等；通航船舶主要研究通航船舶现状、通航代表船型、船舶航速、通航船舶流量预测等，对以上防撞基本条件进行了深入的分析和研究。

(2) 通航方案船舶可达性分析。结合 AIS 流量观测结果、航道水深、桥墩处水深、船舶吃水情况，确定可达船舶的等级。本次研究的创新点在于国内首次采用物理模型试验研究大型船舶的搁浅，通过船舶在航道发生偏航状态的模拟试验，分析相关船舶搁浅后的运动轨迹，判断船舶撞击主墩的可能性、分析超大吨位船舶意外驶离人工航道搁浅后的移动距离，为确定通过伶仃航道桥主墩的最大船型提供技术依据。船舶搁浅试验照片见图 3-13。

图 3-13　船舶搁浅试验照片

（3）船舶撞击力计算。桥墩可能遭受通航船舶及漂流船舶的撞击，影响船舶撞击力的主要参数有撞击船舶类型和撞击速度等。本次研究参考《美国公路桥梁船舶撞击设计规范AASHTO》建议的方法以确定通航船舶撞击桥墩的速度，利用桥梁设计参数，根据船舶碰撞动力学理论，分别采用动力模拟法、非线性有限元法和规范经验公式法来计算船舶与桥墩的撞击力，并对3种方法的计算结果进行比较分析。船舶撞击力计算结果如图3-14所示。

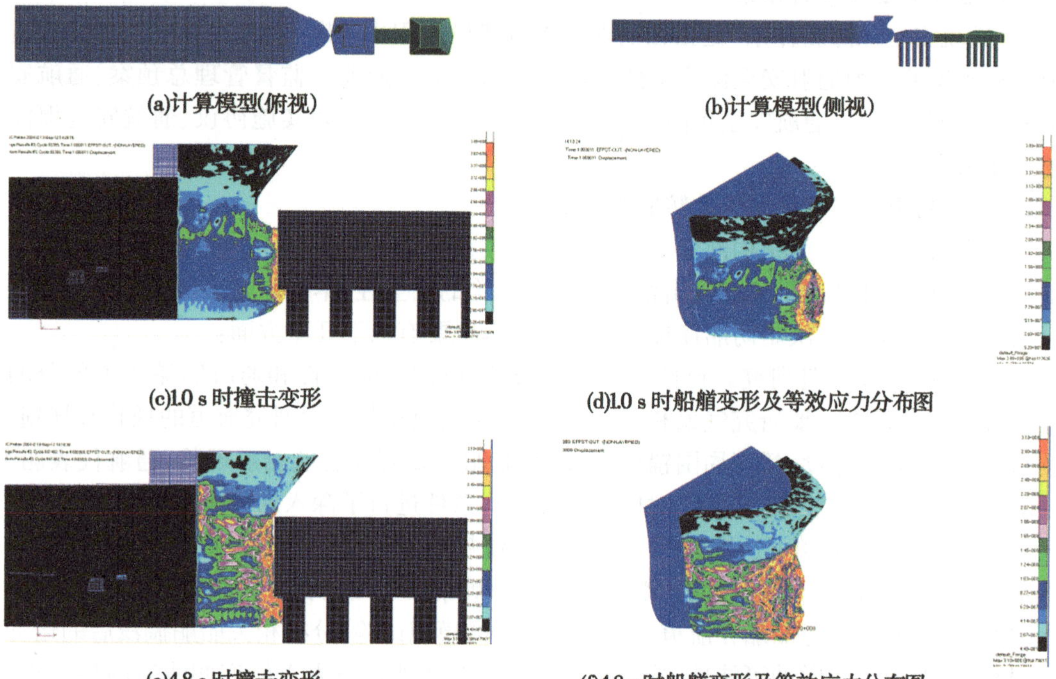

(a)计算模型(俯视)　(b)计算模型(侧视)

(c)1.0 s时撞击变形　(d)1.0 s时船艏变形及等效应力分布图

(e)4.8 s时撞击变形　(f)4.8 s时船艏变形及等效应力分布图

图3-14　船舶撞击力计算结果示意图

（4）船舶撞击桥墩概率计算。在对船舶撞击风险源分析的基础上，利用船舶碰撞动力模拟和有限元计算的结果，考虑桥位水文和水下地形特征参数、桥梁几何参数、航道规划及各类过桥船型的通航密度，根据《公路桥梁和隧道工程设计安全风险评估指南》的要求来计算通航船舶撞击桥墩的概率。

（5）防撞力标准及风险等级评估。根据《公路桥梁和隧道工程设计安全风险评估指南》"3.1风险发生概率等级与判断标准"来进行桥梁的风险评估，提出防撞力标准，使得大桥的年撞损频率在国际桥梁与结构工程协会（IABSE）和美国公路及运输协会（AASHTO）两种模式下都小于或等于1×10^{-4}，保证船撞风险在可接受的风险等级范围内。

（6）防船撞方案。在确定船舶碰撞力的基础上，综合桥墩的基础方案，依据风险分析结果和桥梁倒塌概率标准，按照风险控制要求提出防船撞方案。船撞人工岛岛头的主要风险来自矾石水道失控船舶，故本次研究提出了包括人工岛岛头浅埋段护坦几何方案和通风井采用人工筑岛的防撞方案。防撞方案示意图如图3-15和图3-16所示。

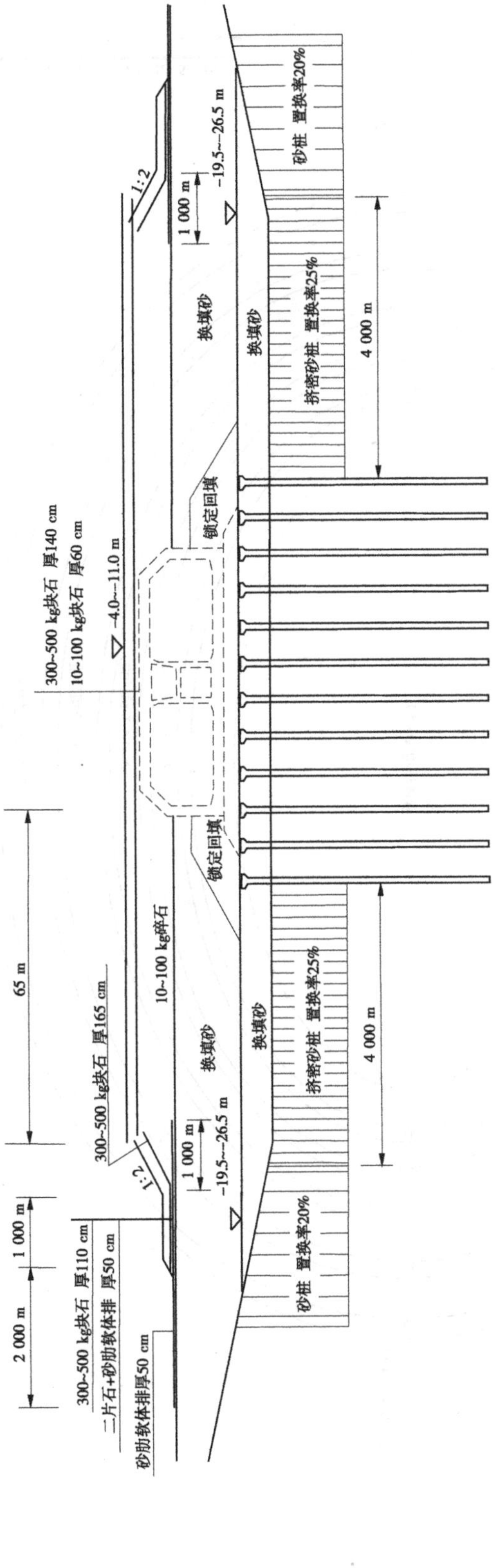

图 3-15　岛头隧道浅埋段护坦断面结构示意图

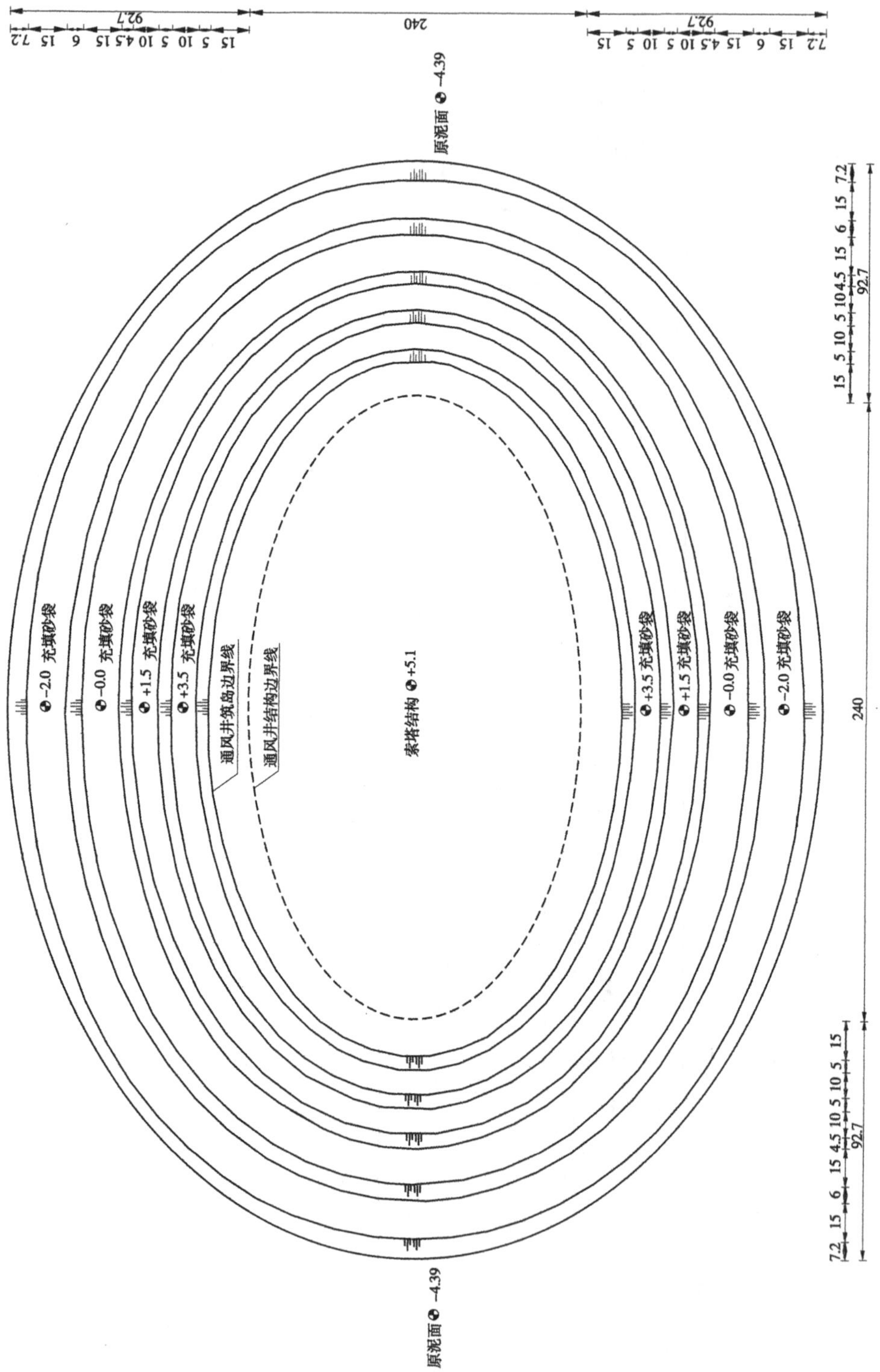

图 3-16　通风井人工筑岛防护平面图　（单位：m）

3.3　总体技术方案及实施过程与效果

3.3.1　总体技术方案

本通道航道通航条件影响研究采用了系统论证的方法，对重点关注的问题通过专题的形式开展系列研究，并采用了外业勘察、实验室研究和内业分析等多种研究形式和技术手段。总体技术方案是在解决通航环境分析、通航代表船型确定、通航净空尺度计算、伶仃洋“三滩两槽”稳定性分析等重点问题的基础上，提出通道的多种通航布置方案（全桥、桥隧组合、全隧），并对不同的通航方案进行通航适应性分析，对推荐的桥隧通航方案进行通航孔布置优化以及提出工程施工期、营运期通航安全保障措施。

（1）对于通航环境分析，需要综合桥区及相关地区社会经济、自然环境、港口、航道、通航船舶、海事管理等现状和规划等进行资料收集和调研，结合水下地形测量、水文测验、水文分析计算、伶仃洋“三滩两槽”稳定性分析、船舶交通实态调查和分析等专题研究成果。

（2）对于通航代表船型的确定，需要综合桥区海域港口、航道、通航船舶、海事管理等现状和发展趋势、港口现状和规划等资料收集和调研，结合水运量预测、船舶交通实态调查和分析、船舶大型化发展趋势研究综合分析等专题研究预测通道的通航代表船型。

（3）对于通航净空尺度计算，需要充分收集相关航运管理部门和企业的诉求，结合船舶大型化发展趋势研究综合分析和预测未来可能通行的最大船舶尺度，在船舶交通实态调查和分析专题得到的船舶航行规律的基础上，按照国内《海轮航道通航标准》（JTS 180-3—2018）的要求，参照国际桥梁协会相关方法和理论综合确定和计算，并通过船舶操纵模拟实验进行评价和优化。

（4）对于伶仃洋“三滩两槽”稳定性分析，是在收集通道区域已有水文等资料基础上，结合水下地形测量、水文测验等外业勘测资料，采用海床演变分析、数学和物理模型试验等研究手段，并考虑自然作用和人工挖沙等多因素作用进行综合分析。

（5）对于提出的各种通道桥隧通航方案的可行性分析，需要结合通航需求分析、船舶流量观测和规律分析、船舶操纵模拟试验、伶仃洋“三滩两槽”稳定性分析、通航安全风险分析等专题研究，从对航道条件的适应性、航道冲淤的影响、船舶通航习惯和效率的影响、航行船舶风险分析等方面进行综合分析和比选。

（6）对于提出的不同通航方案，需要结合防撞分析、船舶搁浅试验、通航安全保障及配套设施方案等专题研究，给出各通航方案的通航安全保障措施。

（7）对于通道推荐的桥隧方案，其通航孔布置方案和通航安全保障措施，需要充分考虑有关部门对桥区通航的要求，通过多轮讨论和咨询，并征求港航管理部门、航运相关企业、海事和引航部门等意见后明确和完善相关研究结论。

总体技术路线见图 3-17。

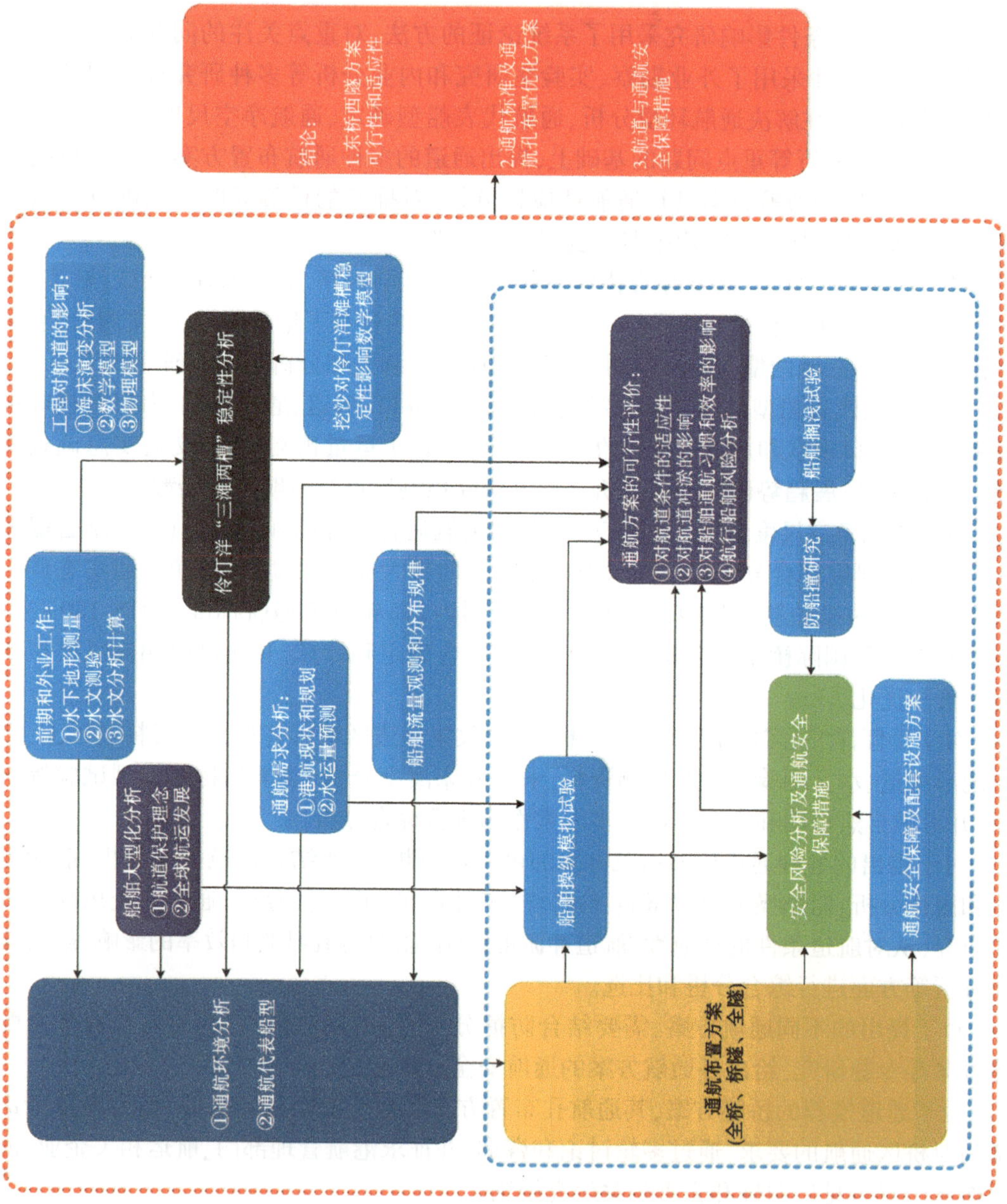

结论：
1.东桥西隧方案可行性和适应性
2.通航标准及通航孔布置优化方案
3.航道与通航安全保障措施
工程对航道的影响：①海床演变分析 ②数学模型 ③物理模型
挖沙对伶仃洋滩槽稳定性影响数学模型
伶仃洋“三滩两槽”稳定性分析
前期和外业工作：①水下地形测量 ②水文测验 ③水文分析计算
船舶大型化分析 ①航道保护理念 ②全球航运发展
通航需求分析：①港航现状和规划 ②水运量预测
船舶流量观测和分布规律
船舶操纵模拟试验
通航方案的可行性评价：①对航道条件的适应性 ②对航道冲淤的影响 ③对船舶通航习惯和效率的影响 ④航行船舶风险分析
船舶搁浅试验
防船撞研究
安全风险分析及通航安全保障措施
通航安全保障及配套设施方案
①通航环境分析 ②通航代表船型
通航布置方案 (全桥、桥隧、全隧)

图 3-17　总体技术路线

3.3.2　实施过程和效果

项目组于2008年启动本项研究工作，至2010年底，协助通道工程可行性研究报告编制单位完成了通道走廊带方案的通航技术论证工作，同时，在广东省交通运输厅的协助下，针对各走廊带方案，完成了向相关主管部门对本通道工程通航意见的征询工作。

2011年6月，广东省交通运输厅组织专家对交通运输部规划研究院编制的论证研究工作大纲以及水下地形测量、水文测验、海床演变分析、船舶交通实态调查和分析、水文分析计算、潮流泥沙数学模型试验研究、潮流泥沙物理模型试验研究、通航环境影响研究、船舶模拟试验研究等九个支撑专题的技术要求进行了评审。

2011年11月，在对通道区地形、地貌、海床演变、水文、港口、航道、船型、海事相关资料的收集、有关航运部门和企业的反馈意见及相关专题初步研究成果基础上，按照有关标准、规范及文件的规定，对深中通道走廊带内4个路线方案的通航净空尺度和技术要求进行了论证，并按照交通运输部"关于发布《跨越国家航道的桥梁通航净空尺度和技术要求的审批办法》的通知(交基发〔1994〕906号)"中的要求，编制并提交了《深圳至中山跨江通道工程通航净空尺度和技术要求论证研究报告》的中间成果。

2012年7月，项目组结合配套专题研究成果，按照交通运输部关于《桥梁通航安全影响论证报告编制规定》(JTS 110-9—2012)的要求，编制并提交了深中通道通航安全影响论证研究报告(初稿)。

2013年1月，项目组依据历次专家咨询意见和相关专题研究成果，编制并提交了深中通道通航安全影响论证研究报告初审稿。广东省交通运输厅在广州组织召开了《深圳至中山跨江通道项目通航安全影响论证报告》预审会。预审会专家评审意见认为，论证报告资料翔实、内容全面、结论可信，进一步完善后可作为项目可行性研究工作的依据。

2013年1月至2014年2月，项目组完成了《珠江口(深圳港)通航船舶大型化及船舶主尺度发展趋势研究》的研究工作。丹麦科威公司(COWI)受深中通道前期办公室的委托完成了《通往远东船舶大型化及其对通航净空要求发展趋势研究》研究工作。

2014年4月，广东省人民政府就深中通道工程方案及通航标准征求了解放军总参谋部意见，总参谋部在进一步征求了海军司令部及广州军区司令部意见后，回复广东省人民政府"对深圳至中山跨江通道项目以东隧西桥方案作为推荐方案、全隧方案作为备选方案，以及确定的通航标准没有不同意见"。与此同时，广东省交通运输厅就深中通道建设方案分别征求了广东省海事局、水利部珠江水利委员会等部门和单位的意见，广东省发展和改革委员会就珠江口下游通航标准征求了马仕基(中国)有限公司的意见。

2015年1月，交通运输部水运局在北京组织召开了《深圳至中山通道通航影响论证报告》专题讨论会。专题讨论会后，深中通道前期办就集装箱船舶大型化发展趋势委托中交水运规划设计院有限公司开展了《深圳至中山跨江通道项目通航安全影响论证报告咨询及关键参数研究》研究工作，委托中国船舶工业集团公司第七〇八研究所开展了《深圳至中山跨江通道项目超大型集装箱船型主尺度和净空高度分析和预测》。针对矾石水道可挖性问题，深中通道前期办公室委托广东省地质物探工程勘察院开展了《矾石水道10万吨级航道可实施性研究物探勘察成果》工作。项目组补充完成了《深圳至中山跨江通道项目通航安全影响论证报告(背景材料)》和《深圳至中山跨江通道项目矾石水道预留 10 万吨级通航等级必要性分析报告》。

2015 年 3 月,项目组综合预审会评审意见、交通运输部水运局组织的专题讨论会会议精神和要求、最新相关补充专题研究成果,以及有关部门的意见,编制并提交了《深中通道项目通航安全影响论证报告》部审稿。

2015 年 5 月,交通运输部水运局在广州组织召开了《深圳至中山跨江通道项目通航安全影响论证报告》部审会。部审会专家评审意见认为,论证报告内容全面、资料翔实、论证较深入,符合交通运输部《桥梁通航安全影响论证报告编制规定》等相关要求,结论基本可信。

2015 年 6 月,交通运输部水运局在北京组织召开了《深圳至中山跨江通道项目通航安全影响论证报告(报批稿)》(初稿)讨论会,会议要求伶仃隧道和矾石隧道安全航深对应宽度仍按照港珠澳大桥方法取值,其他隧道安全航深对应宽度按照不小于规划航道宽度的 3~4 倍进行复核;伶仃航道桥满足 76.5 m 的范围应按照广州港深水航道拓宽工程建设标准按照有关规范要求进一步复核以及相关协调工作。

2015 年 7 月,遵照部审会和部报批稿(初稿)讨论会意见,在落实相关要求和建议的基础上,项目组编制并提交了《深中通道项目通航安全影响论证报告》报批稿。

3.4 关键技术解决途径及实施过程与效果

3.4.1 基于全球航运发展视角和保护航运核心航道资源理念的通航船舶大型化多元分析和预测技术

3.4.1.1 解决途径及实施过程

本次研究委托国内外多家咨询单位平行研究集装箱船舶和豪华邮轮船舶大型化发展趋势。研究回顾了集装箱船和邮轮大型化发展历程,对船型发展特点和发展规律进行梳理;对影响船舶大型化的因素(如世界主要港口设施和航线航道通航条件等)进行了统计和分析,结合国际贸易发展趋势和造船技术发展情况,分析船舶大型化发展趋势。船舶大型化趋势分析技术路线见图 3-18。

(1)分析和梳理欧洲、美国及我国的相关规定对于净空高度的定义,以及国际标准中桥梁净空高度的要求有关条款探讨的建议研究。

(2)集装箱船大型化分析:梳理集装箱远东现状主要海运航线和未来可能拓展海运航线及限制因素对集装箱船大型化的影响研究,包括远东至欧洲的经苏伊士运河航线、绕经好望角航线、绕经北极/俄罗斯北部航线;远东至北美的至北美西海岸航线、至北美东海岸航线、经苏伊士运河通过欧洲航线、经巴拿马运河航线、经麦哲伦海峡航线。

分析海运国际贸易和集装箱船舶运营成本。主要航道上限制集装箱船尺寸的因素分析,包括苏伊士运河、巴拿马运河、马六甲海峡、直布罗陀海峡、曼德海峡等跨运河和海峡大桥、船闸尺度分析,以及通航管理规定。

分析集装箱船建造技术和新型材料,考虑例如船长对于超大型集装箱型的总体强度的影响、高强度钢板厚度技术极限值分析、船体宽度对波浪弯矩和静水弯矩的影响、由于船体

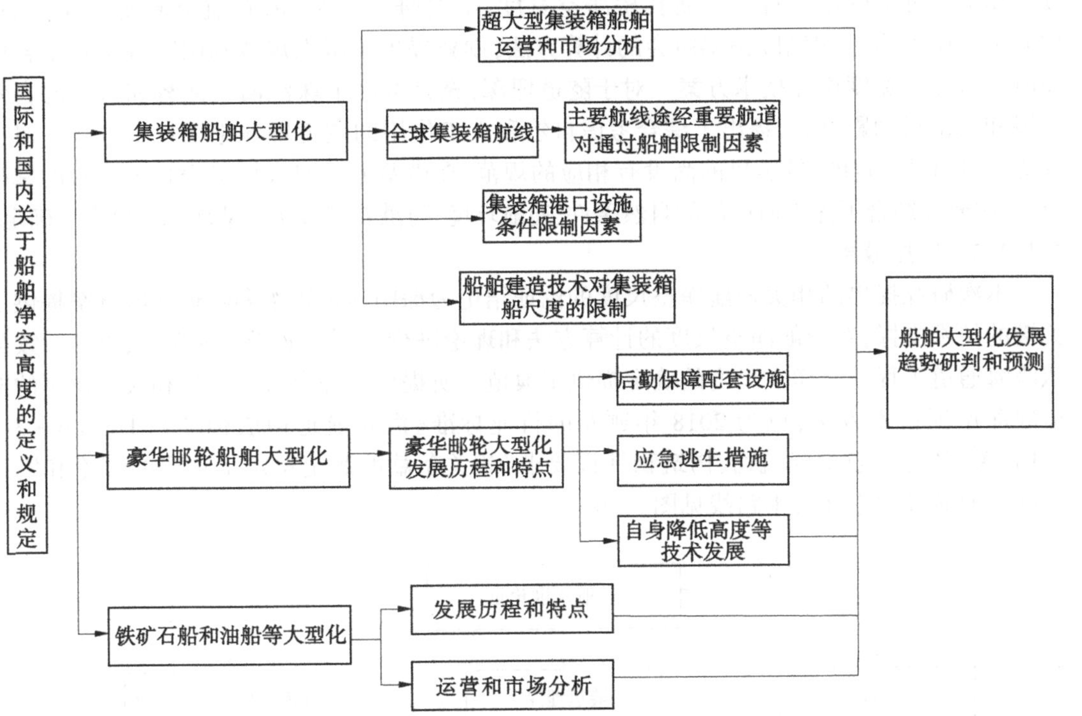

图3-18　船舶大型化趋势分析技术路线

加宽加重船舶两舷的翘曲变形、集装箱绑扎桥和高层堆垛相关技术、集装箱自身强度和最大堆重高度分析等因素对集装箱船大型化的影响。

(3)豪华邮轮船舶大型化分析：通过调研世界主要邮轮运营公司，收集连续特征年邮轮订单资料；研究开发新型邮轮出发点；港口和救援配套设施在正常和应急情况下，对邮轮的供给压力；邮轮烟囱升降技术研究等，综合分析后对大型豪华邮轮大型化发展趋势进行研判。

(4)矿石船和油船船舶大型化分析：在对世界矿石船和油船船队规模和船舶吨级随着运输形势的变化和不断大型发展趋势及特点分析的基础上，分析在运营上受港口、航道的限制，对矿石船和油船大型化发展趋势进行预测和研判。

3.4.1.2　实施效果

交通运输部规划院完成了《珠江口(深圳港)通航船舶大型化及船舶主尺度发展趋势研究》工作。丹麦科威公司(COWI)受深中通道前期办的委托完成了《通往远东船舶大型化及其对通航净空要求发展趋势研究》工作。中国船舶工业集团公司第七〇八研究所完成了《深圳至中山跨江通道项目超大型集装箱船型主尺度和净空高度分析和预测》研究工作。相关专题成果为伶仃航道通航孔桥净空尺度的确定提供了关键的技术支撑和参考。

3.4.2　综合国内外通航规定和理论以及珠江口航道复杂通航特点和需求的通航尺度论证技术

3.4.2.1　解决途径及实施过程

本次研究通航尺度论证的关键在于通航孔桥净空宽度、隧道埋深和隧道区口门最小宽度等相关尺度的确定。对于通航孔桥净空宽度，本次研究按照《海轮航道通航标准》（JTS 180-3—2018）和参照国际桥梁协会的计算方法，创新提出了国内规范和国际规定相结合的通航孔桥净空宽度论证技术方案。对于隧道埋深，充分考虑了珠江河口河势和航道的自然发展和人工活动影响后，提出了综合考虑自然和人工作用的隧道埋深论证技术方法。对于隧道区口门最小宽度，虽然目前尚没有相应的规范，在借鉴港珠澳大桥工程相关经验的基础上，本次研究结合了深中通道区的自然条件、通航环境、防洪要求等实际情况深入研究后确定。

3.4.2.2　**实施效果**

本次研究提出的相关通航净空尺度的论证结论为深中通道桥梁和隧道通航方案提供了关键的技术支撑，对通航净空尺度的计算方法和理论进行了深入的研究和探索，也为后续类似跨海通道工程通航净空尺度的确定提供了典范。所提出的综合考虑自然和人工作用的隧道埋深论证技术方法，也为 2018 年颁布的行业标准《海轮航道通航标准》（JTS 180-3—2018）关于"穿越航道建筑物、构筑物埋设要求"相关条款的制定奠定了重要的理论和实践基础。通航尺度论证技术路线见图 3-19。

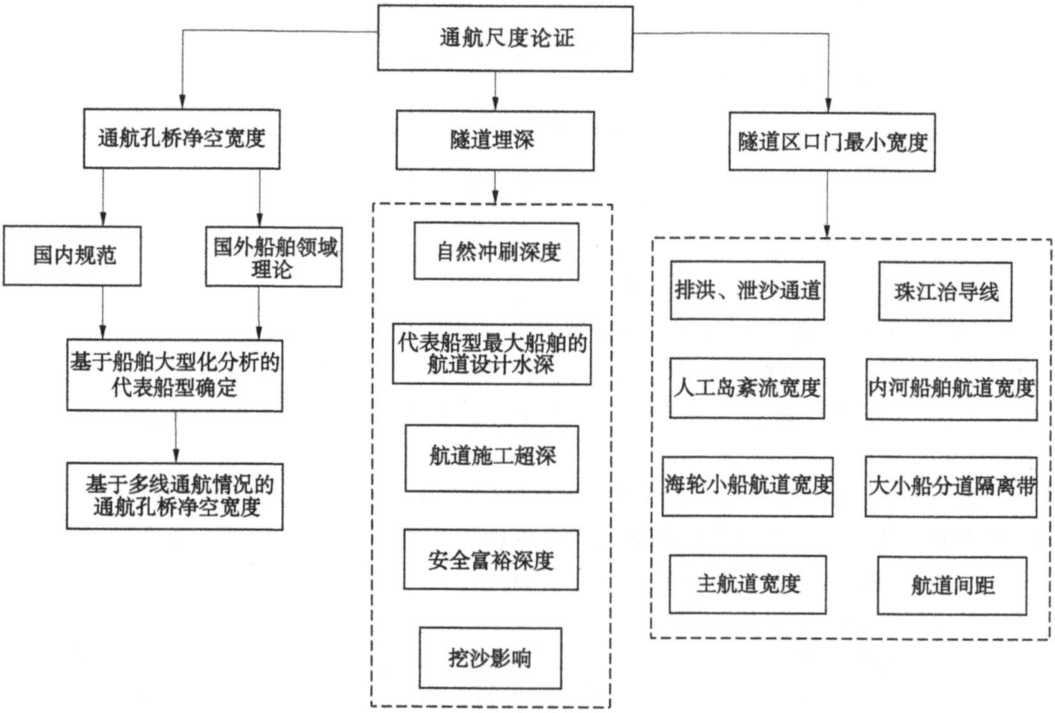

图 3-19　通航尺度论证技术路线

3.4.3　运用水沙和船舶数值模拟试验的通航条件适应性综合评价和分析技术

3.4.3.1　基于理论分析和模型试验构建风险等级评价体系的通航水沙条件影响综合评价解决途径及实施过程

1. 伶仃洋动力地貌体系分析技术

根据图 3-20 给出的本次研究评价伶仃洋外部三大动力体系所在位置的示意图，北部为虎门潮汐通道动力体系，位置设在虎门通道。判别虎门潮汐动力体系变化的指标有潮波特性（包括潮高、潮差、相位和涨落潮历时等）、断面流速、断面潮通量以及潮能量等动力参数；西北部为横门、洪奇沥和蕉门等河流作用为主的淡水径流动力体系，位置分别设在蕉门、洪奇门和横门通道，衡量指标有潮波特征、断面流速、断面潮通量、潮能量以及径流净泄量等参数，同时包括三个口门之间的动力分配比例关系；南部和东南部为高盐陆架水入侵控制的动力体系，位置分别设在伶仃洋南口（香港大屿山至珠海九洲港）和香港的汲水门断面，判别指标包括进入伶仃洋的潮波特征、东南部两个断面的流速、潮通量以及潮能量等参数，同时包含两个口门之间的动力分配比例关系。通过数学模型模拟采沙坑形成前后的动力条件变化，定量描述三大动力体系对采沙坑的响应程度。原有的伶仃洋动力地貌体系理论从理论上说明了二者之间的相互关系，无法进行定量化的比较。这里将根据数学模型大量的模拟结果，选用能够描述动力体系的具体指标参数，衡量动力体系的强度变化以及相互之间的协同关系。建立地貌格局尺度与动力体系指标之间的相关关系，通过具体指标来反映动力体系对采沙坑的响应程度。

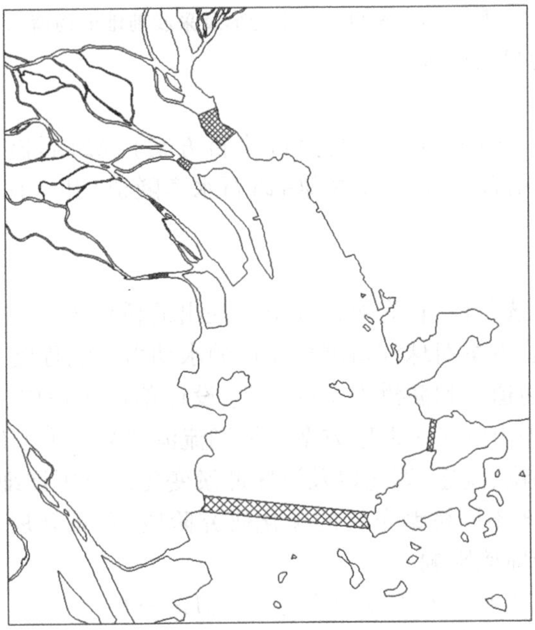

图 3-20　伶仃洋三大动力体系位置示意

采沙前伶仃洋地貌地形构造：伶仃洋近 10 年来的大规模采沙活动造成中滩及其附近海床形成了大范围的采沙坑。采沙坑主要分布在伶仃洋的两个区域（见图 3-21），A 区采沙坑位于中滩北部、沿东槽走向呈长条形，采沙坑面积 59.0 km^2，采沙体积 3.2 亿 m^3，平均挖深 5.4 m。B 区采沙坑位于内伶仃岛北侧，紧靠伶仃航道 *EF* 北段和 *FG* 南段，采沙坑面积 48.4 km^2，采沙体积 3.5 亿 m^3，平均挖深 7.2 m。伶仃洋海床在 2008 年期间的地貌格局基本没有采沙坑的影响，这里通过将两个主要采沙坑地形恢复至 2008 年的地形条件以构造伶仃洋采沙前的地形，并以此作为采沙前的工况条件。

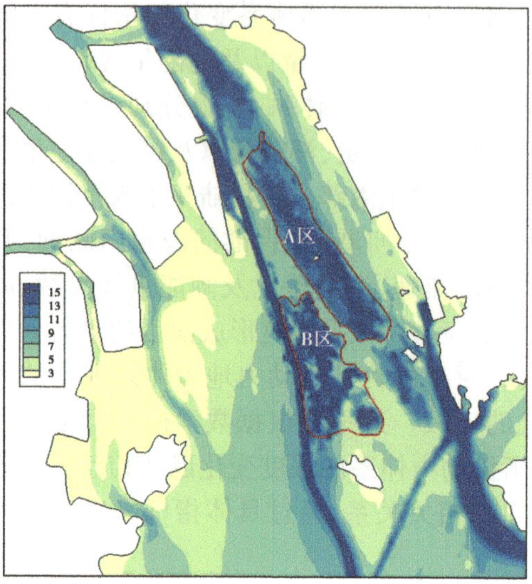

(a)2016 年地形

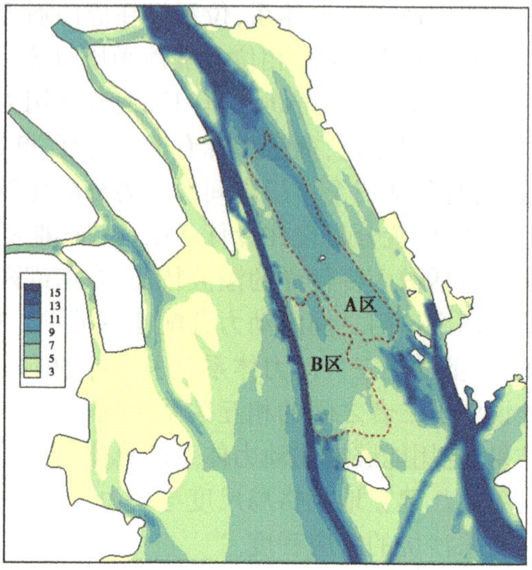

(b)构造采沙前地形

图 3-21　伶仃洋水下地形及采沙前地形构造

2. 潮流泥沙数学模型试验方案

1)深中通道工程试验方案

根据 A 线位提出 4 个平面布置方案:A1(全桥方案)、A2(桥隧结合,伶仃航道隧道+矾石水道桥梁)、A3(桥隧结合,伶仃航道桥梁+矾石水道隧道)和 A4(长隧方案,伶仃、矾石水道均为隧道)。

2)试验实施过程

第一阶段为线位比选阶段,首先对设计单位提出的桥位方案进行了潮流数学模型的计算和分析,宏观分析桥位方案对珠江口港口航道的水动力影响程度,对方案间的影响程度差异有了初步认识;出于通道工程防洪安全的需要,设计单位对桥位、桥跨以及人工岛进行了局部调整,针对该阶段提出的 4 个调整方案开展潮流泥沙数学模型研究,对这个阶段调整方案引起的珠江口水域潮位、流速、潮量以及海床冲淤变化进行了详细的对比和分析。

第二阶段为 A3 方案不同桥型布置的深化研究阶段,着重开展伶仃航道桥的不同桥型布置形式对航道的水沙环境影响。

3)海洋平台专用航道和矾石水道的稳定性及回淤分析

在深中通道东隧西桥方案(A3 方案)前提下,综合考虑伶仃洋水域港口、航道、锚地现状及规划、水深条件、流场情况等因素,以及深中通道的总体布置方案,设计单位提出了海洋平台经矾石水道进出中船龙穴造船基地的两种航路方案,分别为北线方案和南线方案(见图 3-22)。两种方案的航道走向基本平行,都需斜穿中滩进入矾石水道,出海航道底标高均为-7.9 m,航道底宽 280 m,边坡按照 1:7考虑。北线方案斜穿中滩的 *BE* 航段长约 6.0 km,南线方案 *DF* 段长约 8.0 km。北线方案 *BE* 段全线需要开挖,南线方案 *DF* 段约 3.0 km 需要通过开挖达到通航水深要求。

矾石水道位于伶仃洋的东部水域,北起沙角、南至深圳蛇口港,航道当前的通航等级为 5 000 t。矾石水道目前为天然航道,航道等级具有较大的提升空间。在深中通道东隧西桥方案(A3 方案)前提下,矾石水道按照 10 万 t 通航等级提升,航道宽度 300 m,通航水深 17 m。

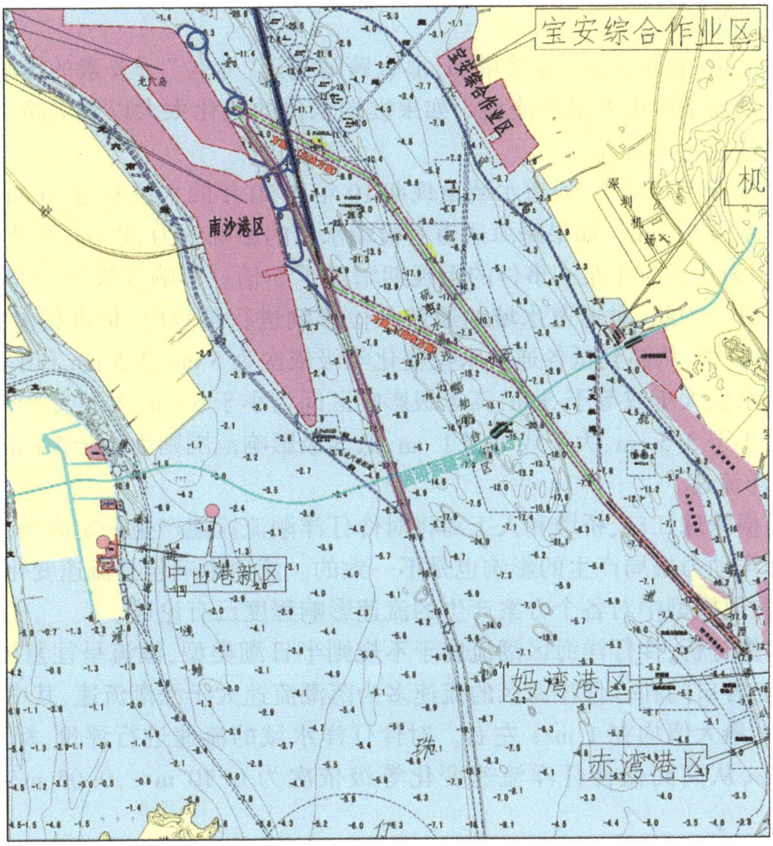

图 3-22　海洋平台专用航道方案

结合水域水文泥沙测验资料及历史河床地形资料，系统研究工程海域海床历史冲淤演变特征、泥沙来源及动力机制，分析工程海域的海床演变发展趋势、冲淤机制；在河床演变分析的基础上，建立工程海域潮流泥沙数学模型，模拟不同航道整治方案实施后的水位、流速和流态等动力变化情况，计算航道的淤强分布和淤积量，从水流条件、泥沙回淤等多角度比选，推荐合理的航道整治方案。

3. 制定综合评价的指标体系

评价损害程度的原则为：对于某个位置，如果一个子要素的指标被评定为属于较高损害程度类别，则那个地理位置的全部水文要素均为较高等级。影响标准就是将损害程度与基准条件相比较的各种变化联系起来。例如，最高水位（用于洪水影响评价）等一些子要素，评价标准等级由预先设定的重现期 50 年和 20 年水位差确定，而其他评价标准等级与子要素的自然变化相互关联。

许多指标是通过数值模型评估的，数值模型从模型中数字的精度中给出影响值，并且建模域中的任何区域，采用临界值来区分可忽略的影响和低影响。通航水文条件的相关要素影响均与构筑物有关。因此，只要建设跨海通道，其施工后期影响将长期存在。工程建设形成的影响为永久影响，这里主要对通道工程建成后的水文要素进行评价。

通航水文条件变化的等级判别指标如下：

(1)通航水位。

如果跨海通道"极端水位"显著增加,那么跨海通道"水位"子要素的影响程度就很高,这样就可能在低洼地区引发沿海淹没。如果极端水位的变化太大以致堤防失去作用,那么这种变化可被描述为非常高。

根据水文分析计算结果,通道水域重现期10年和50年的水位差为36 cm,重现期10年和100年水位差为51 cm。如果跨海通道对极端水位的影响约为50 cm,则该影响可以说是非常严重的,因为这对应于某一事件的重现期增加了3倍。影响等级分为非常高、高、中和低四个等级区分。为此,对通道水域的通航水位影响进行估算时,标准偏差按照惯例定为10%、5%和2%三档,从高到低各通航水位变化等级依次为5 cm、2.5 cm和1 cm。非常高影响等级为通航水位大于或等于5cm,高等级影响区间为小于5 cm、大于或等于2.5 cm,中等级影响区间为小于2.5 cm、大于或等于1 cm,低等级影响范围则为小于1 cm。

(2)伶仃洋流速。

深中通道横跨珠江口,桥墩和人工岛将对伶仃洋潮流流速产生一定影响,不同的桥隧组合方案对伶仃洋动力格局产生的影响也是不一致的。流速影响包括流速变化幅度和变化范围两部分,在数值模型中对各个方案产生的流速影响程度已有论述。

据实测数据分析,伶仃洋海区潮流属于不规则半日潮类型,潮流呈往复流运动形式,受上游径流影响,各口门和伶仃洋海区的流速多为落潮流速大于涨潮流速,其中沿伶仃洋西槽航道流速较大,最大值均在1 m/s左右。对伶仃洋水域的流速进行评价,标准偏差仍定为10%、5%和2%,从高到低伶仃洋流速变化等级依次为0.10 m/s、0.05 m/s和0.02 m/s三档。

(3)航道流速。

航道流速分为沿航槽方向的纵流和垂直航槽的横流,航道内的横流往往将船舶推离航线,影响船舶安全航行。在潮汐河口地区,航道流速往往随潮汐情况而变化,航道潮流呈周期性变化,同时也极易在较短时间内形成极值流速对船舶航行安全造成不确定影响。

根据《海轮航道通航标准》(JTS 180-3—2018),在对通航孔净空宽度设置时,对于跨越航道建筑物、构筑物区域的航道垂直于航道轴线方向的横向流速大于0.5 m/s或顺航道轴线方向的纵向流速大于2 m/s时需对通航孔扩大系数K进行专题论证。这里把深中通道通航孔航段横流大小的影响仍分为三档,中档级别定为0.5 m/s,按照0.5倍系数定义高档横流影响级别为1.0 m/s、低档横流影响级别为0.25 m/s。

(4)航道稳定性。

航道稳定性通过航道回淤强度和边坡稳定两个方面来判断。伶仃洋海床演变特征长期以来保持"微变性、趋稳性和可塑性"的三个重要特征,航道边坡的稳定性基本可以得到保障。航槽回淤强度与航道水深和线位走向等自然因素有关,同时也与航道所处海域的人类活动影响因素密切关联。这里重点考虑通道建设对通航孔航段的泥沙回淤影响。伶仃航道常年淤强为0.4~0.6 m/a,这里取平均值0.5 m/a。对航道回淤的淤强影响进行评价,标准偏差取为平均值的20%、10%和5%作为三档,非常高级别影响为航道回淤增幅超过0.1 m/a,高档影响级别为小于0.1 m/a、大于或等于0.05 m/a,中档影响级别为小于0.05 m/a、大于或等于0.025 m/a,低档影响级别为小于0.025 m/a,通航水文条件评价要素的影响等级划分见表3-1。

表 3-1　通航水文条件评价要素的影响等级划分

要素	等级			
	非常高	高	中	低
通航水位/cm	$H \geqslant 5$	$5 > H \geqslant 2.5$	$2.5 > H \geqslant 1$	$H < 1$
伶仃洋流速/(m/s)	$u \geqslant 0.10$	$0.10 > u \geqslant 0.05$	$0.05 > u \geqslant 0.02$	$u < 0.02$
航道横流/(m/s)	$v \geqslant 1.0$	$1.0 > v \geqslant 0.5$	$0.5 > v \geqslant 0.25$	$v < 0.25$
航道回淤/(m/a)	$H_y \geqslant 0.10$	$0.10 > H_y \geqslant 0.05$	$0.05 > H_y \geqslant 0.025$	$H_y < 0.025$

3.4.3.2　基于船舶操纵实景模拟的通航安全适应性分析解决途径及实施过程

通航方案对于船舶通航安全的适应性分析主要借助船舶操纵模拟和风险分析手段，分别从微观和宏观角度，对不同通航方案产生的通航风险进行评估和比选。基于微观和宏观通航风险分析的通航孔布置适应性论证技术路线见图 3-23。

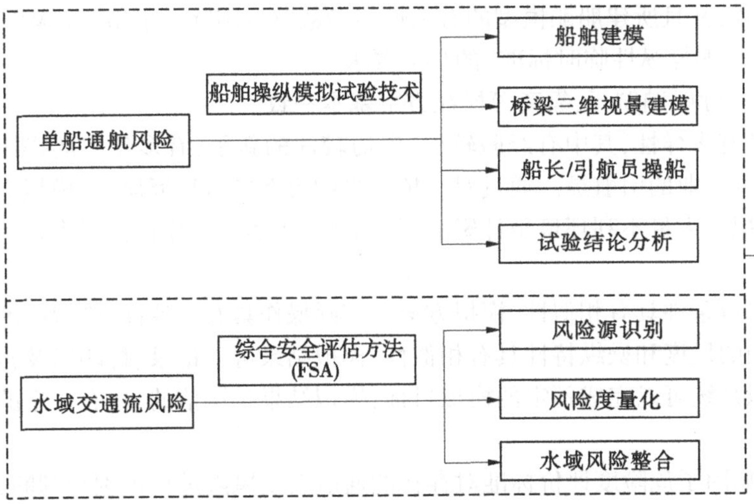

图 3-23　基于微观和宏观通航风险分析的通航孔布置适应性论证技术路线

本次研究应用的模拟器是对通道工程进行通航仿真研究，按照符合实际航行操作惯例的方案进行计算机模拟操作。通过模拟操作，可以了解在模拟环境下船舶过桥航行的相关数据，统计、分析和研究这些数据可以检验设计部门的设计方案的可操作性，同时也可为相关管理部门提供决策依据。据资料统计，模拟器在国内外的许多桥梁工程的仿真模拟方面得到了广泛的应用，并起到了相当重要的作用。

本次船舶操纵模拟分析主要是评估桥梁通航孔航道平面布置及尺度、评估导助航设施布设的合理性、给出在不同工况下完成一次过桥操船作业时需要的时间，以及提出安全过桥作业标准的建议。

1. 模拟方法及实施步骤

(1) 建立模拟区域的平面数字地图。

(2) 选定原型船并据此建立模拟原型船的模拟船舶数学模型。

(3)设计模拟控制和过程记录分析的软件。

(4)模拟船操控接口以及相关支持软件。

(5)研究确定模拟的方案。

(6)选定实施模拟方案的合适人选,实施预定模拟方案。

(7)统计模拟结果,分析模拟结果并给出模拟结论。

(8)模拟结果数据的应用。

2. 模拟效果

(1)本模拟系统的模拟环境可以真实重现现场通航水域环境。

模拟环境选用航用海图、有关设计方案图以及周边场景,采用目前国际上通行的数字化方法,建立模拟海区数字化平面地图。并根据所提供的模拟水域的水文气象条件结合研究相关的航海气象资料,拟定了模拟的水文气象环境条件。模拟的风流等环境参数可以根据实际情况结合模拟的需要设定。

(2)模型船操纵特性数据与参考原型船操纵特性具有相似性。

建立的模拟船舶模型,在对车舵的响应、船舶惯性和旋回性等方面比对模拟船舶原型船舶的相关性能,结果基本一致,并且所建船舶模型的有关性能参数符合国际海事组织(IMO)1993 年通过的现行有效的"船舶操纵性临时标准"的相关要求。

(3)模拟操船的方案与实际船舶航行、靠离等操纵方案基本一致。

进行模拟操作的对象具有多样性,其中有经验较少、资历较浅的新手,有多年实船操纵经验和资历的老驾驶员,也有专业的引航员。通过对模拟操纵的方案经过反复研究,模拟方案除涵盖正常情况外,还模拟了大量不利环境条件影响下的航行,为实船操作提供了大量的参考依据。

鉴于模拟环境与实际水域条件具有相似性,模拟方案与实际操作具有一致性,模拟船的模型与规划设计的通航船舶的尺度和操纵特性具有相似性,模拟结果可以记录、打印以及再现,以供分析研究,因此模拟系统可以完成预定的模拟目标,模拟结果是可信的,具有一定的参考价值。

首先,本次研究利用影响因子危险度评价标准对存在的通航安全风险进行识别和判断,并提出相应的对策。通航综合安全评估方法(FSA)流程如图 3-24 所示。然后,根据工程实际确定各项风险指标的权重。最后,基于模糊层次风险评价方法计算各种通航方案的通航安全风险,并给出相关的通航风险缓解措施。

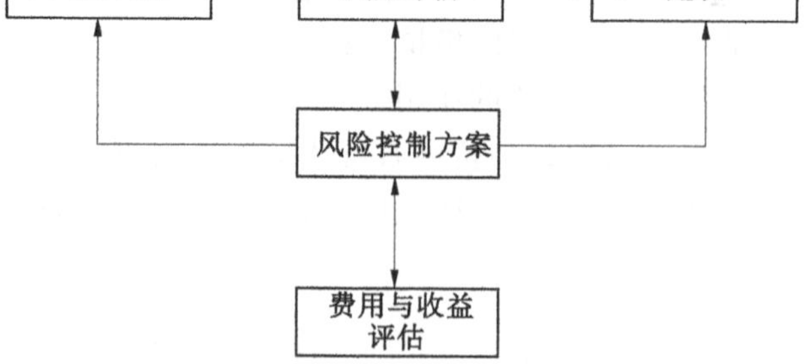

图 3-24　FSA 方法流程

3.4.3.3　实施效果

在《深圳至中山跨江通道工程对港口航道影响海床演变分析》《深圳至中山跨江通道工程对港口航道影响数学模型研究》《深圳至中山跨江通道工程对港口航道影响物理模型试验研究》和《挖沙对伶仃洋滩槽稳定性影响数学模型研究》专题研究报告的基础上，完成了《深圳至中山跨江通道工程对港口航道影响研究总报告》，为评价不同通航方案对珠江河口"三滩两槽"和出海航道稳定性和影响，以及通航方案的适应性评价提供了关键的技术支撑。同期完成的《深圳至中山跨江通道项目矾石水道10万吨级航道及专用航道稳定性及水动力影响研究》为矾石水道的规划发展提供了技术支撑。后期完成的《深圳至中山跨江通道工程沉管隧道基槽回淤观测试验专题研究》对前期研究成果的应用进行了检验。

研究形成了《深圳至中山跨江通道工程船舶模拟试验研究》和《深圳至中山跨江通道工程通航环境影响研究报告》，为通航方案对船舶通航安全适应性分析从微观和宏观角度提供了技术支撑。

3.4.4　基于通航保障任务项目化和桥梁本质安全理念的通航安全保障措施及技术

3.4.4.1　基于"AIS+VTS+现场实测"方法的船舶交通流综合观测及通航规律分析

1. 解决途径及实施过程

本次工程涉及水域范围广、通航环境复杂、船舶密度大，需要对观测的范围、时间、船舶种类、航行轨迹提出详细的技术方案，以适应总结海域船舶通航习惯和规律的需要。

1）调查范围

工程选线位置附近主要水道，考虑设置如下观测线位置：伶仃水道观测线、矾石水道观测线、龙穴水道观测线、横门东水道观测线。

2）调查和分析内容

（1）了解通道工程海域、河段的船舶交通总体概况。

（2）掌握不同吨位或长度船舶的交通流量，包括年、月、日不同吨位或长度船舶交通流量。

（3）掌握不同吨位或长度船舶的航迹分布，包括年、月、日不同吨位或长度船舶的航迹分布。

（4）掌握不同类型船舶的交通流量和航迹线的分布。

3）调查方法和手段

（1）AIS观测：针对所有安装AIS船舶。

①南海海区AIS中心基站布局。

珠江口区域共辖有黄埔、大角山、桂山、蛇口、盐田、三灶、高栏7个基站，完全覆盖了珠江口及蛇口港海域，信号无盲区，稳定可靠。珠江口水域AIS基站布局见图3-25。

②桥区水域观测方法。

桥区水域在珠江口AIS岸基设备覆盖区，通过南海海区AIS中心的AIS设备可对船舶交通流进行不间断、连续观测。

本次观测南海海区AIS中心拟开启黄埔、大角山、桂山、蛇口、盐田、三灶、高栏7个AIS基站，保证10 d观测时间内正常率100%，并配备1台应急车辆应急抢修，机房需配备装有AIS专业版用户电脑1台，数据库服务器1 000 d连续不间断工作、网络管理服务器800 d连

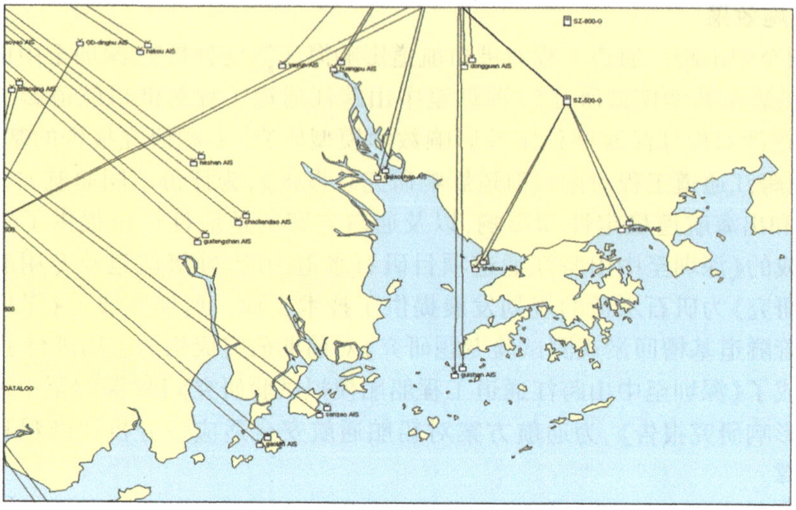

图 3-25　珠江口水域 AIS 基站布局

续不间断工作，管理服务器 500 d 连续不间断工作，同时配备柴油发电机 1 台，UPS2 台保证电源供给。

(2) VTS 观测：报告制内要求的船舶。

①VTS 系统自动统计。

统计经过各观测线的船舶交通流量（该船舶交通流量是指包括报告制内的船舶总交通流量）。

②VTS 人工观测统计。

利用 VHF、AIS 信息统计核实通过各观测线的属于报告制内的船舶相关数据，如船速、航向、船舶类型、船舶吨位及尺度等。

VTS 覆盖区域示意见图 3-26。

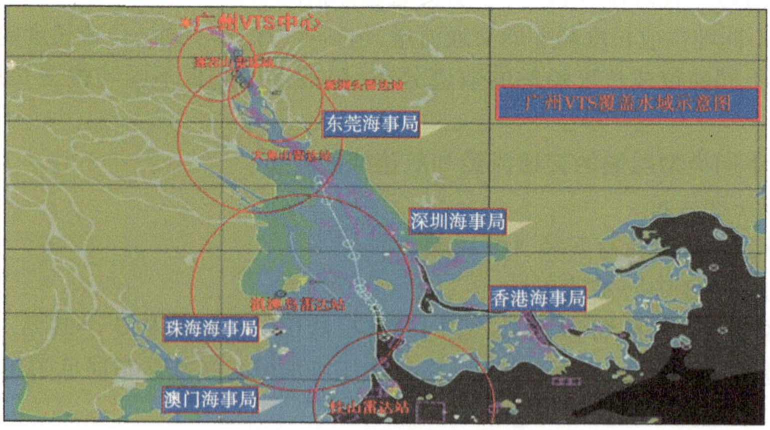

图 3-26　VTS 覆盖区域示意图

(3) 人工实态观测：所有船舶。

①伶仃航道东 22°33. 315N，113°44. 181E，沿 A3 线位上下游各 3 km，观测由观测点以东至深圳市行政辖区岸线，以西至珠江伶仃航道中线；暂定派出观测船舶“仕泰 188”（见图 3-27）。

图3-27 “仕泰188”照片

②伶仃航道西、横门东水道东22°33.143N,113°39.224E,沿A3线位上下游各3 km,观测由观测点以东至珠江伶仃航道中线,以西至中山市行政辖区岸线;暂定派出观测船舶“鸿信988”(见图3-28)。

图3-28 “鸿信988”照片

③各派船单位自行解决人员换班、船舶补给问题。

④现场工作人员按照观测工作技术要求,充分利用AIS、VHF等技术手段,辅以望远镜、雷达等现场观测设备,认真对通过观测区域的船舶状况进行观测,并如实填写相关工作表格、台账。

4)调查数据的处理和分析

通过对调查数据的处理和分析,提出通航孔位置、宽度设置的建议和船舶交通组织管理的措施建议。

2. 实施效果

对2010~2011年各月深圳至中山跨江通道船舶交通流的AIS观测数据进行了统计分析,并重点根据2011年7月3~16日对深圳至中山跨江通道船舶交通流的现场观测数据统计。给出了14 d船舶流量情况。根据VTS和人工实态观测对深圳至中山跨江通道船舶交通流的现场观测数据进行统计。利用人工实态观测数据对VTS观测数据进行补充,给出了

10 d 船舶流量情况。重点对该数据进行了船舶交通量、航迹分布、尺度分布、航速分布、时空分布特征的分析。

本次研究形成了相关船舶流量和轨迹观测数据,包括格式化数据和轨迹图,并形成了《深中通道船舶交通实态调查和分析报告》。该成果也为相关专题研究制订保障通道和船舶的通航安全方案,研究船舶通航规律,提出通道通航孔位置、宽度设置的建议和船舶交通组织管理的措施建议等提供了重要的技术支撑。

3.4.4.2　基于通航保障任务项目化的通航安全保障措施制订

1. 解决途径及实施过程

针对跨江通道工程建设方案,在分析海事管理设施现状的基础上,针对本工程实际情况提出水上交通安全管理需求,进而研究监管设施建设布局方案,估算海事安全监管投资规模,见图 3-29。

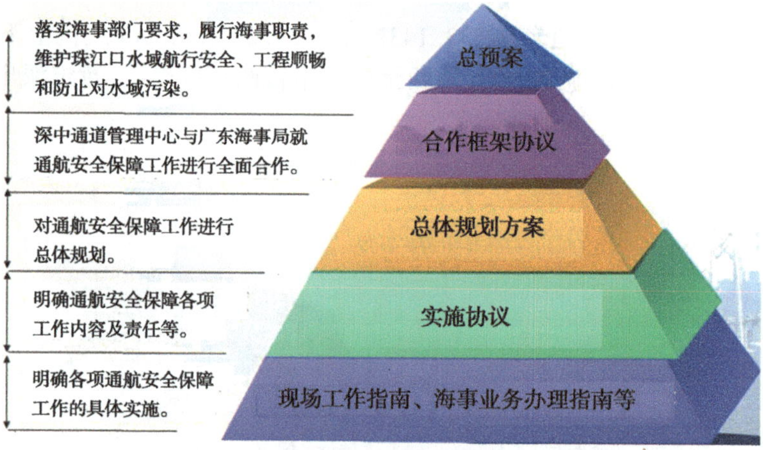

图 3-29　通航保障项目化体系文件示意图

(1)工程区域水上交通安全监管现状:根据跨江通道工程建设方案,从工程区域自然条件、主要港口环境和船舶通航条件等方面分析工程区域船舶通航环境现状。结合海事部门三定方案,从海事管理机构职责、管辖水域范围和海事部门相关监管手段、安全监管设施的角度分析工程区域海事管理机构水上交通安全监管现状。

(2)水上交通安全监管需求与规划方案研究,分别制定施工期海事管理机构设置、导助航设施配布方案、通信监管系统建设方案,其中通信监管系统建设方案包括船舶交通管理系统(VTS)、船舶自动识别系统(AIS)、闭路电视监控系统(CCTV)、安全通信系统等,提出设备配置方案。

(3)海事监管船艇需求分析:现场移动执法是海事监管最直接有效的方法,海事监管移动执法装备的主力是海事巡逻船舶。分析深中通道的重点监管水域面积、相邻区域间距离和现场监管需求,进而明确深中通道海事巡逻船艇类型和数量。

(4)海事基地建设:海事基地是开展水上安全监管和搜救业务的后勤保障设施,主要功能是为海事船舶提供停靠、补给码头,为船舶维修保养、搜救、溢油应急等专用设备提供存放库房和场地。论证在深中通道附近水域建设海事基地的必要性;分析深中通道海事基地所需泊位长度、后方陆域和库房面积；进行海事基地选址论证。

(5)规划实施及投资估算：结合跨江通道工程建设工期，针对安全监管设施规划建设方案，对航标、监管设施、海事船艇分类做出实施方案，并分系统详细列出所有设备清单，根据相关行业标准和定价依据，估算深中通道海事监管设施建设所需资金规模。

2. 实施效果

完成了《深圳至中山跨江通道工程通航环境影响研究》和《深圳至中山跨江通道项目通航安全监管及配套设施方案研究》，为海事管理部门在项目施工期和运营期海上通航安全监管提供依据和支撑。

3.4.4.3　基于桥梁安全理念的防船撞标准分析

1. 解决途径及技术路线

根据国内外的规范标准和相关的防撞项目经验进行船桥碰撞风险分析，分别采用动力模拟法、非线性有限元法和规范经验公式法来计算船舶与桥墩的撞击力，并采用水池物理模型试验来验证其结果，最后综合大桥桥墩的基础方案，提出桥墩防撞力及防撞方案。

具体的解决途径为：依据大桥桥墩基础方案、桥墩自身的抗撞能力、桥墩的位置、桥墩的外形、水流的速度、水位变化情况、通航船舶的类型、碰撞速度，针对大桥实际营运特点，对大桥进行防撞研究、分析。技术路线见图 3-30。

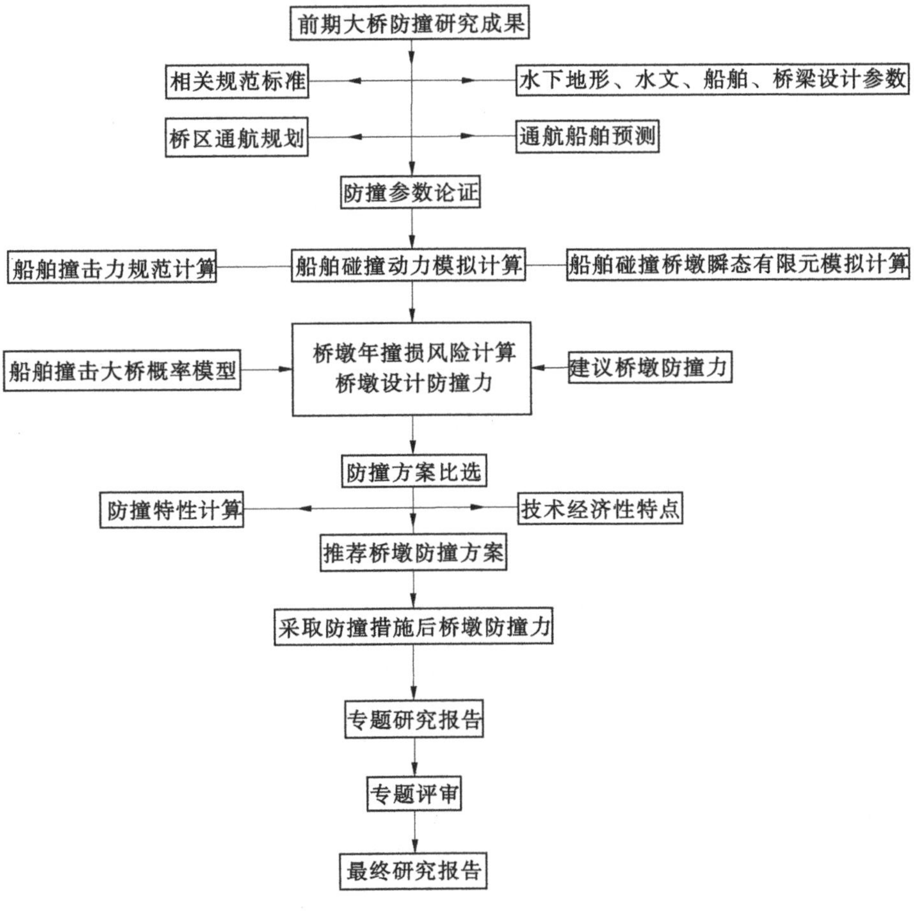

图 3-30　深圳至中山跨江通道防船撞研究技术路线

2. 实施过程

(1)研究防撞基本条件,论证确定防撞代表船型,分析航道船舶的可达性,依据实际船舶过桥航速及流量数据,利用桥梁设计参数,运用船舶碰撞动力学理论,采用动力模拟法、非线性有限元法和规范经验公式法计算船舶与桥墩的撞击力及撞击范围。

(2)利用船舶碰撞动力模拟结果,参照国际风险分析规范,利用桥位水文和水下地形特征参数、桥梁几何参数、航道规划及各类过桥船舶船型通航密度的分布研究结果,进行船舶撞击桥墩频率及撞损频率计算。

(3)根据航道规划情况以及主墩处水深情况,确定船舶搁浅试验所研究的两种重点船型。确定到达航道桥主墩的最大船型以及桥墩的碰撞力。

(4)在确定防撞力的基础上,综合大桥桥墩基础方案,提出桥墩防撞力及抗撞方案,通过技术经济比较提出推荐方案。

3. 实施效果

完成了《深圳至中山跨江通道项目防船撞研究》报告,并提出通航孔桥的防撞标准,为深中通道通航桥和人工岛结构的设计提供基础参数和支撑。

第 4 章　项目研究成果及其水平

4.1　主要研究成果

4.1.1　通航环境

4.1.1.1　基于历史资料和近期系统外业勘测工作的自然条件分析

1. 地理地貌

深中通道项目东起深圳宝安机场，跨越内伶仃洋海域后登陆中山市马鞍岛，图 4-1 为珠江河口形势图。

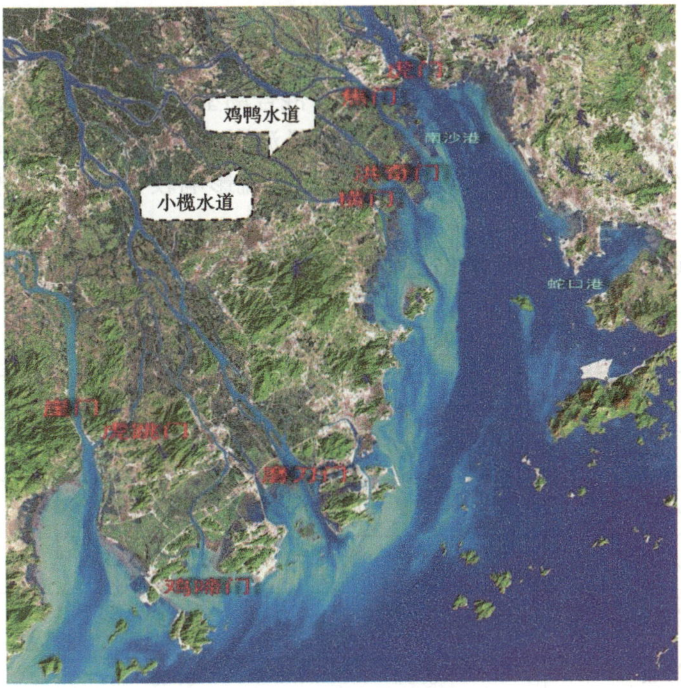

图 4-1　珠江河口形势图

伶仃洋是珠江口东四口门注入的河口湾，位于东经 113°33′ ~ 114°09′，北纬 22°12′ ~ 22°45′。湾型呈喇叭状，走向呈 NNW—SSE 方向，湾顶虎门口宽约 4 km，湾口澳门至香港大濠岛之间宽约 30 km，纵向长达 72 km，水域面积约 2 160 km^2。

伶仃洋湾顶由沙角和大角山对峙形成峡口，湾口面对万山群岛天然屏障；东部沿岸多湾，由北往南有交椅湾、大铲湾、深圳湾；西岸由北往南多滩，蕉门、洪奇沥和横门的出口附近堆积着许多浅滩；中部有淇澳岛和内伶仃岛扼守湾腰，东南有暗士顿水道经香港的汲水门水道连接维多利亚港，湾口西南侧有洪湾水道与磨刀门河口相通。

伶仃洋水下地形具有西部浅、东部深的横向分布趋势和湾顶窄深、湾腰宽浅、湾口宽深的纵向分布特点，水下地形呈“三滩两槽”的基本格局。伶仃洋“三滩两槽”地貌格局如图 3-6 所示。

两槽指东槽和西槽。东槽又称矾石水道，位于东滩和中滩之间，由川鼻水道经丫仔山、大铲岛、赤湾西侧、铜鼓岛东侧，向东流入香港暗士顿水道。西槽又称伶仃水道，位于中滩和西滩之间，由川鼻水道经舢板洲东侧和内伶仃岛西侧，再由大濠岛与桂山岛之间深槽流入外海，该深槽长期以来作为广州港出海航道一直在使用和维护。

三滩指西滩、中滩和东滩。东滩沿东岸呈条带状分布，紧靠东槽的东侧；中滩又称矾石浅滩，夹于东槽和西槽之间，形状为南宽北窄狭长状；西滩位于西槽以西，面积广阔，由于被蕉门南北汊道、洪奇门和横门延伸汊道的分割而形成几条平行排列的水下沙脊，由鸡抱沙浅滩、孖沙浅滩、沙仙尾滩、进口浅滩、横门浅滩等大小浅滩构成。

伶仃洋湾内有岛屿散布其间，如龙穴岛、舢板洲、横门山岛、大铲岛、小铲岛、内伶仃岛、淇澳岛和大濠岛等，在湾口和湾外，群岛罗列，如万山群岛、大蜘洲、小蜘洲、桂山岛等。这些岛屿对外海波能的消减、潮流路径的调整以及局部滩槽的塑造起到重要作用。

2. 水文条件

1) 潮位

伶仃洋为弱潮型河口湾，潮汐属不正规半日混合潮型，日潮不等现象显著。珠江口海域潮差较小，平均潮差在 0.85～1.62 m，受地形和径流影响，沿程潮差自南向北逐渐增大，同时，东部水域潮汐作用较强，西部水域受口门下泄径流影响较大，存在东部潮差大于西部的现象。

拟建通道附近各主要长期验潮站点的潮汐特征值见表 4-1，珠江口大范围短期同步实测潮位见表 4-2。

表 4-1　通道区附近各长期验潮站的潮汐特征值

潮汐特征值	测站		
	赤湾	横门	舢舨洲
最高潮位/m	2.23	2.62	2.65
最低潮位/m	-2.13	-1.25	-1.99
平均高潮位/m	0.42	0.65	0.62
平均低潮位/m	-0.95	-0.45	-0.98
最大潮差/m	3.47	2.97	3.58
平均潮差/m	1.38	1.12	1.60
平均海平面/m	-0.17	0.09	-0.10
资料期限/年	1965～2000	1953～2000	1954～1993

表 4-2　通道区短期潮位站的潮汐特征值　　　　单位:m

潮位特征值	潮位站								
	桂山岛	内伶仃	赤湾	大铲码头	正强码头	横门东	南沙	舢舨洲	横门
最高潮位	1.07	1.29	1.31	1.53	1.65	1.38	1.62	1.57	1.55
最低潮位	-1.52	-1.61	-1.64	-1.51	-1.53	-1.31	-1.11	-1.59	-0.97
平均潮位	-0.19	-0.17	-0.17	-0.09	0.00	-0.05	0.06	-0.08	0.12
平均高潮位	0.26	-0.78	1.01	0.95	0.51	0.54	1.01	0.66	0.68
平均低潮位	-0.23	0.43	-0.82	-0.74	-0.74	-0.65	-0.62	-0.83	-0.43
平均海平面	-0.16	-0.15	-0.13	-0.06	0.01	-0.02	0.07	-0.08	0.12
最大潮差	2.57	2.81	2.95	2.99	3.17	2.47	2.64	3.14	2.34
平均潮差	1.04	1.22	1.29	1.34	1.51	1.20	1.35	1.51	1.12

2)风暴潮

珠江口地区经常受风暴潮侵袭,台风影响本地区时的风增水随地形、台风路径和强度不同而异。据 1961~1975 年资料统计,平均增水值在横门为 0.43 m,南沙为 0.61 m;最大增水值在赤湾为 1.5 m。

3)波浪

珠江口主要受风浪和外海涌浪影响,本通道波况可参照依据港珠澳大桥工程 2007~2008 年在马友石附近海域观测资料来分析。据统计,本区全年常浪向为 S 向,出现频率为 19.4%,次常浪向 SSW,出现频率为 15.81%;强浪向为 SSW 向,该站实测最大有效波高 3.64 m,周期为 5.3 s,出现于 2008 年 12 号台风“鹦鹉”期间,见图 4-2。

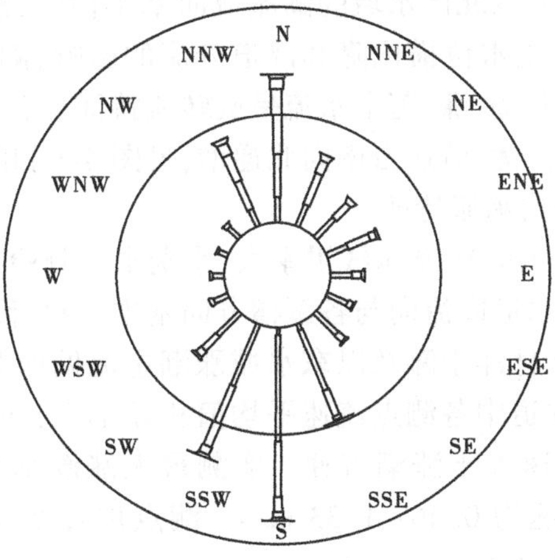

图 4-2　珠江口内波玫瑰分布图

4）径流

通道区所在的伶仃洋为珠江主要出海口和最大的河口湾，汇集了珠江入海八大口门中的虎门、蕉门、洪奇门和横门等4个口门的径流。据1985~2000年资料统计，珠江八大口门多年平均径流量为3 280亿m^3，其中注入伶仃洋东四口门的径流量为2 003亿m^3，约占珠江河口年径流总量的61%，其中虎门803亿m^3，占珠江河口年径流总量的24.5%。蕉门、洪奇门、横门分别为551亿m^3、238亿m^3、411亿m^3，分别占珠江河口年径流总量的16.8%、7.2%、12.5%，见表4-3。

表4-3 伶仃洋东四口门径流分配表（1985~2000年）

口门	多年平均径流量/亿m^3	占八大口门/%	占东四口门/%	山潮比
虎门	803	24.5	40.1	0.38
蕉门	551	16.8	27.5	1.79
洪奇门	238	7.2	11.9	2.51
横门	411	12.5	20.5	3.67
合计	2 003	61	100	

5）水流

（1）伶仃洋整体潮流特征。

珠江口的潮流运动受由巴士海峡传入的太平洋潮波的控制，潮流性质属于不规则的半日潮混合潮流。伶仃洋是一个喇叭形河口湾，潮流在科氏力作用下，涨落潮流略有分异。涨潮时，潮流先由西槽伶仃水道进入，向北楔进，同时有一股越过铜鼓浅滩，与来自东部汲水门的涨潮流一并汇入暗士顿水道后北上；落潮时，主流偏向西槽。在整个涨落潮过程中，西槽是潮流和下泄径流的主要通道，东槽则主要受潮流控制，桥区中部西槽入口附近的海域是涨潮分流和落潮汇流的地方。

伶仃洋内潮流，内伶仃岛以北区水域的潮流流向基本稳定，涨潮流向西北，落潮流向东南；内伶仃岛以南开阔水域受水位横比降和汊道分流的影响，潮流介于往复流与旋转流之间。大濠岛以外海域，水面开阔，涨、落潮水流呈旋转流特征。总体流速特征体现为：东槽潮流动力较强，西槽落潮动力占优，流速自南向北递增，见图4-3和图4-4。

（2）通道区实测垂线平均水流特征。

根据2011年6月通道附近21条垂线洪季大、小潮水文测验资料，通道区水域的水流呈往复流，珠江河网及横门东水道内流向与各深槽方向基本一致，伶仃水道涨潮主流流向北北西，落潮主流流向偏南向，伶仃洋中滩及以东水域涨潮主流偏西北，落潮主流偏东南。通道附近伶仃水道、中滩、矾石水道中各测点流速平均值相差不大，西槽流速略大于东槽。大潮流速大于小潮流速，落潮流速大于涨潮流速。实测最大涨潮垂线平均流速为0.48~0.85 m/s，最大落潮垂线平均流速为0.46~1.33 m/s。测点位置及流速、流向分布见图4-3和图4-4，各测点最大流速见表4-4。

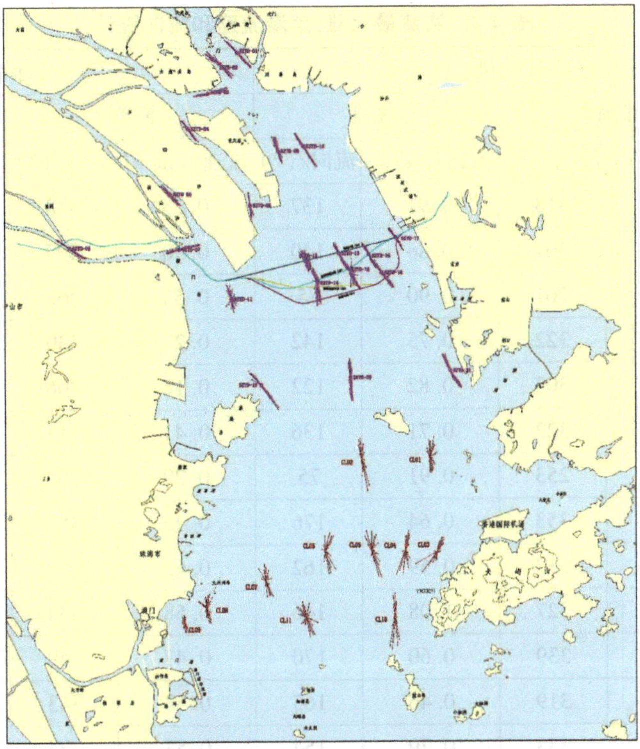

图 4-3　实测垂线平均水流矢量图(大潮)

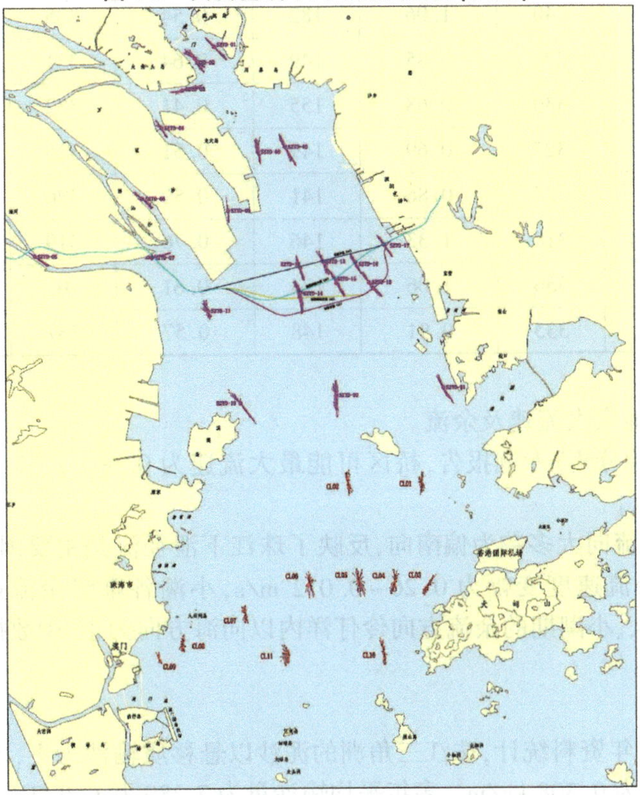

图 4-4　实测垂线平均水流矢量图(小潮)

表 4-4　实测最大涨、落潮流速和流向统计

垂线	大潮				小潮			
	涨潮		落潮		涨潮		落潮	
	流速/(m/s)	流向/(°)	流速/(m/s)	流向/(°)	流速/(m/s)	流向/(°)	流速/(m/s)	流向/(°)
SZTD-01	0.71	318	0.91	137	0.53	318	0.76	137
SZTD-02	0.76	307	0.86	140	0.50	299	0.70	147
SZTD-03	0.62	261	0.90	75	0.53	262	0.90	82
SZTD-04	0.48	322	0.75	142	0.27	330	0.47	149
SZTD-05	0.67	303	0.82	122	0.18	306	0.69	125
SZTD-06	0.58	322	0.71	136	0.41	314	0.60	129
SZTD-07	0.58	253	0.91	75	0.29	261	0.79	75
SZTD-08	0.57	353	0.64	176	0.45	351	0.48	175
SZTD-09	0.69	337	0.59	162	0.62	8	0.53	169
SZTD-10	0.73	327	1.08	146	0.58	334	0.90	151
SZTD-11	0.67	339	0.60	170	0.47	349	0.36	168
SZTD-12	0.53	319	0.46	165	0.53	343	0.54	162
SZTD-13	0.54	333	0.79	154	0.51	324	0.60	154
SZTD-14	0.63	340	1.06	182	0.54	335	0.89	178
SZTD-15	0.71	326	0.85	149	0.64	331	0.67	149
SZTD-16	0.60	330	0.68	155	0.41	332	0.53	150
SZTD-17	0.53	327	0.69	149	0.51	325	0.61	148
SZTD-18	0.67	325	0.86	141	0.50	326	0.81	139
SZTD-19	0.85	318	1.33	146	0.76	319	1.06	144
SZTD-20	0.85	356	1.06	174	0.61	0	0.91	179
SZTD-21	0.81	335	0.91	148	0.57	337	0.79	147

(3)通道区可能最大流速及余流。

根据《水文测验分析》专题报告，桥区可能最大流速为 0.69~1.37 m/s，其中最大值出现在 SZTD-19 测点。

伶仃洋余流的流向大多数为偏南向，反映了珠江下泄径流是主要因素。桥区附近实际余流大潮各垂线余流速度变幅为 0.26~0.012 m/s，小潮各垂线余流速度变幅为 0.30~0.043 m/s。各站大、小潮期的余流方向伶仃洋内以向海方向为主，少数指向上游，珠江河网内均指向下游。

6)泥沙

据 1959~2000 年资料统计，珠江三角洲的泥沙以悬移质输沙为主，主要来自西江，马口站多年平均含沙量为 0.308 kg/m³，多年平均输沙量为 7 280 万 t；北江三水站多年平均含沙量为 0.208 kg/m³，多年平均输沙量为 932 万 t；东江博罗站多年平均含沙量为 0.104 kg/m³，

多年平均输沙量为 257 万 t。据统计,东四口门的输沙量为 3 389 万 t,占珠江河口总输沙量的 47.7%;其中虎门、蕉门、洪奇门和横门的多年平均输沙量分别为 658 万 t、1 289 万 t、517 万 t 和 925 万 t,依次占珠江河口输沙总量的 9.3%、18.1%、7.3%和 13.0%。

伶仃洋上游各水系的输沙量年内分配极不均匀,输沙量集中于汛期,各水系汛期 4~9 月的输沙量占全年输沙量的 88.35%~96.18%,最大月输沙量多出现于 6 月或 7 月,约占全年的 40%。输沙量的年际变化与径流量的年际变化基本相应,即丰水年多沙、枯水年少沙。

7)悬沙

伶仃洋悬移质主要来源于珠江径流挟沙,含沙量的平面分布受径流、潮流、盐水入侵及风浪、地形等因素所制约。伶仃洋含沙量分布总体特征是西北高、东南低,洪季大于枯季,上段大于下段,西滩大于东滩,西槽大于东槽,总体含沙量不大。

2011 年 6 月洪季实测资料表明,位于虎门水道、凫洲水道、龙穴南航道、横门水道、洪奇沥水道等河网区观测点的平均含沙量在大潮时小于 0.100 kg/m^3,小潮时测点含沙量小于 0.07 kg/m^3,伶仃洋总体属于低含沙水域。工程区大潮时全潮平均含沙量分布均匀,除珠江河网水道含沙量较小(<0.050 kg/m^3),其他测点的含沙量在 0.055~0.110 kg/m^3。含沙量的变化特点为:大潮时的含沙量大于小潮时的含沙量;大潮时东侧含沙量较大,小潮时西侧含沙量较大。另据 1978~2003 年伶仃洋海区历次伶仃洋实测含沙量分区统计,伶仃洋含沙量总体水平在 0.075~0.200 kg/m^3,其中西滩含沙量大于东滩,中滩介于二者之间;西滩含沙量大于东、西两槽,东槽含沙量小于西槽;西槽含沙量上段大于下段,中段测点大于下段,东槽含沙量亦是上段大于中下段;湾口一带水域的含沙量最小,在 0.04~0.08 kg/m^3。

2011 年观测数据与历年平均值比较可以看出,近年来伶仃洋水体含沙量无论峰值还是平均值均有较大下降,这与流域来沙逐年减小应有一定关系。大、小潮平均含沙量分布见图 4-5。

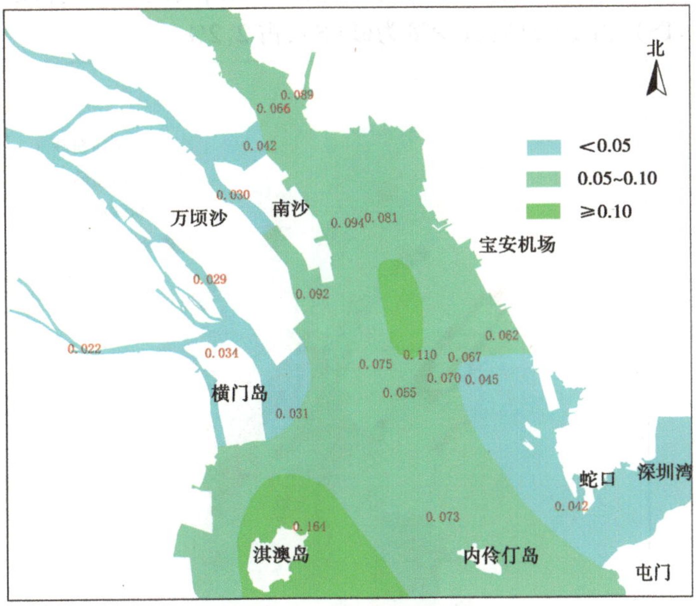

(a)大潮

图 4-5　大、小潮平均含沙量分布　(单位:kg/m^3)

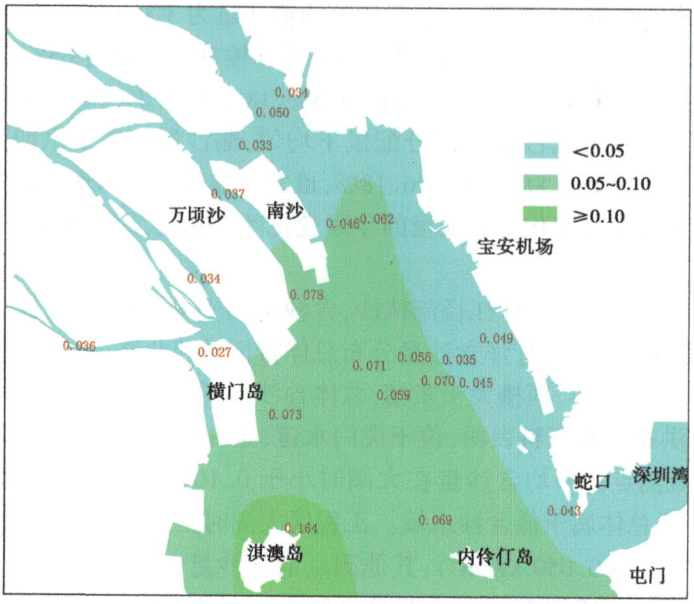

(b)小潮

续图 4-5

8)底质

2011 年 6 月伶仃洋水域和三角洲河网水域 259 个取样点底质颗粒级配分析结果表明，伶仃洋内底质分布(见图 4-6)以黏土质粉砂为主，其次为砂质粉砂和粉砂质砂，在流入伶仃洋的水道中局部存在着细砂。沉积物的平均粒径范围在 0.91～7.47 mm，中值粒径范围在 0.91～7.43 mm，即 D50 在 0.006～0.531 mm(见图 4-7)；分选系数范围在 0.57～3.28，分选程度差。底质样品组成黏土质粉砂(YT)为主，占 64.4%；其次为砂质粉砂(ST)，占 22.9%；少量为粉砂质砂(TS)，占 10.5%；极少量为砂(S)，占 2.2%。

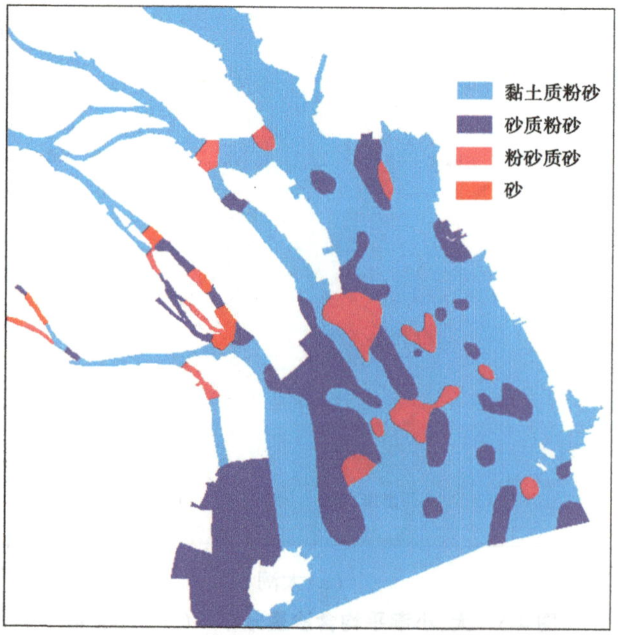

图 4-6　2011 年 6 月伶仃洋实测底质类型分布

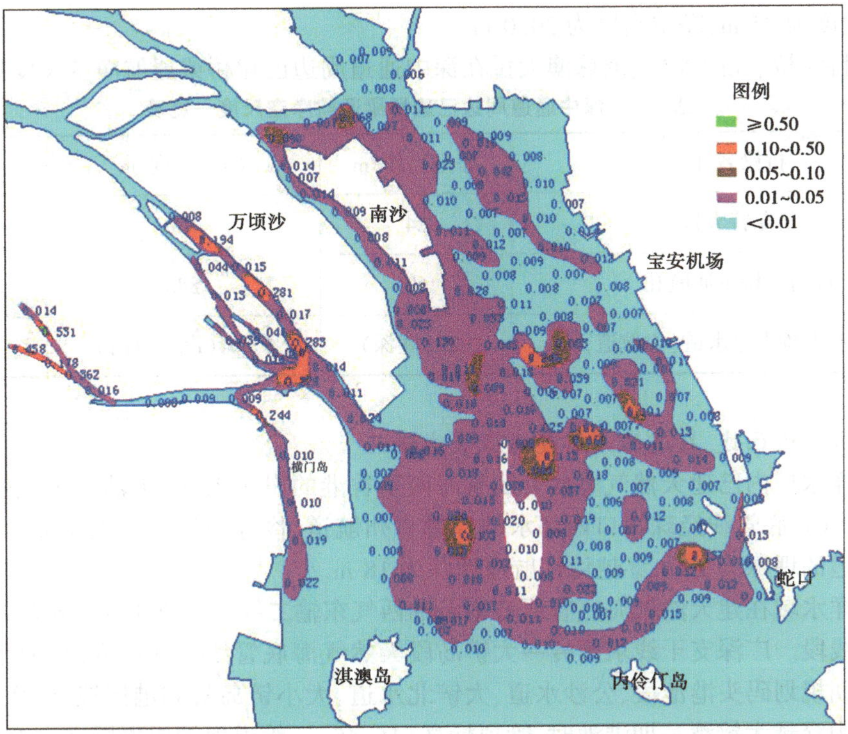

图 4-7　2011 年 6 月伶仃洋实测床沙中值粒径分布　（单位：mm）

目前，伶仃洋内的表层泥沙主要为中值粒径 0.005~0.01 mm 的泥沙，分布在中滩、东槽和东滩内，在虎门附近的川鼻水道中也为此种较细的泥沙；其次为 0.01~ 0.05 mm 的泥沙，主要分布在西滩和西槽下段，入海水道中也以此种泥沙为主。伶仃洋内还分布着个别粒径较大的点，其中最大的中值粒径为 0.246 mm。综合分析，西滩、川鼻水道、西槽、中滩、东槽和东滩的平均粒径分别为 0.021 1 mm、0.012 4 mm、0.020 1 mm、0.022 1 mm、0.021 mm 和 0.012 1 mm，东滩中的平均值较细，主要是因为东滩中粗颗粒泥沙较少。

4.1.1.2　基于详细调研摸排水上、水下有关设施情况

1. 通道附近已建和在建桥梁概况

已建的新龙特大桥位于龙穴南水道内，在本通道上游约 11 km，通航孔净高 24 m，净宽 120 m。

已建的虎门大桥位于珠江口湾顶的虎门，在本通道上游约 30 km，主通航孔净高 60 m，净宽 888 m；蒲洲水道副通航孔净高 40 m，净宽 270 m。

港珠澳大桥位于珠江湾口，在本通道下游约 40 km，采用桥隧组合方案，穿越龙鼓西航道和伶仃航道段约 6.7 km 采用隧道方案，其余路段约 22.9 km 采用桥梁方案。沉管隧道部分长 5 990 m（不含桥隧过渡段，两岛之间的沉管段长 5 664 m），隧道通航段埋深为理论最低潮面下 29 m。桥梁段由通航孔桥和非通航孔桥两部分组成，其中通航孔桥分别为青州航道桥、江海直达船航道桥和九州航道桥。青州航道桥采用（126+458+126）m 的跨径组合，通航净空宽度为 318 m，净空高度为 42 m；江海直达船航道桥采用（129+258+258+129）m 的跨径组合，通航净空宽度为 173 m，净空高度为 24.5 m；九洲航道桥采用（150+268+150）m 的跨径组合，通航净空宽度为 210 m，净空高度为 40 m。主通航孔两侧的副通航孔为小船通航

孔,净空宽度为 85 m,净空高度为 20.0 m。

新龙特大桥、虎门大桥、港珠澳大桥在深中通道周边已建桥梁通航净空尺度见表 4-5。

表 4-5　深中通道周边已建桥梁通航净空尺度一览表

桥梁名称	净空高度/m	净空宽度/m	说明
新龙特大桥	24	120	双向单孔
虎门大桥主通航孔	60	888	双向单孔
港珠澳大桥大濠水道(主航道)	-29(埋深)	5 664(沉管口门)	隧道

2. 通道附近已建、在建的天然气海底管线概况

伶仃洋水域内已建天然气海底管线有海南至香港的崖城 13-1 天然气海底管线。崖城 13-1 天然气海底管线经珠江口西部水域穿越青州航道、伶仃航道在香港登陆,该天然气管道在非航道的埋深为 2 m,穿越伶仃航道埋深为 18 m。

伶仃洋水域在建天然气海底管线有中石油西气东输二线广深支干线求雨岭—大铲岛段和香港支线段。广深支干线求雨岭—大铲岛段天然气海底管线由沙湾入海,向南相继穿越大铲湾三期规划码头港池段、公沙水道、大铲北水道、大小铲岛规划港区段,经大铲岛,全长 9 km。其中穿越大铲湾三期港池时,管顶标高-16.45 m,管道保护层顶标高-13.25 m;穿越大小铲岛港区西岸港池时,管顶标高-19.05 m,管道保护层顶标高-15.85 m。香港支线段从大铲西北侧入海,向南穿越大铲水道、矾石浅滩以及铜鼓航道后,向东延伸到达香港龙鼓滩发电厂登陆,全长约 20 km。其中,穿越大铲水道时,管顶标高-19.02 m,管道保护层顶标高-15.82 m;穿越铜鼓航道时,管顶标高-26.10 m,管道保护层顶标高-22.60 m。

深中通道周边已建、在建海底天然气管线埋深见表 4-6,管线路由见图 4-8。

表 4-6　深中通道周边已建、在建海底天然气管线埋深一览　　单位:m

隧道名称	管道保护层顶标高	管顶标高
中海油崖城 13-1 天然气海底管线伶仃航道	-18.0	—
中石油西气东输二线广深支干线求雨岭—大铲岛段大铲湾三期港池	-13.25	-16.45
中石油西气东输二线广深支干线求雨岭—大铲岛段大小铲岛港区西岸港池	-15.85	-19.05
中石油西气东输二线香港支线段大铲水道	-15.82	-19.02
中石油西气东输二线香港支线铜鼓航道	-22.60	-26.10

注:表中标高为当地理论最低潮面。

图 4-8　通道附近已建、在建的天然气海底管线路由

3. 通道附近已建码头概况

深中通道附近珠江口东岸登陆点北侧有深圳港宝安港区机场作业区，南侧有大铲湾港区，东南部水域有大小铲岛港区；珠江口西岸有广州港南沙港区南沙作业区、中山马鞍岛广新海事重工舾装码头。其中与本通道路线走向以及通航孔布置关系较为密切的已建码头设施如下。

1）宝安港区机场作业区码头

宝安港区机场作业区码头岸线长约 1 200 m，规划建设 2 个 5 000 吨级油码头、2 个 1 000 吨级通用泊位及 20 个 500 吨级客运码头，进港航道规划等级为 5 000 吨级，其中已建 2 个 5 000 吨级燃油码头和客运码头作业区。深圳机场客运码头港池口门距深中通道轴线距离为 250 m，已建机场燃油码头距通道 1.1 km，规划通用泊位距通道 760 m。

2）广新海事重工舾装码头

广新海事重工舾装码头位于横门东航道，码头建设工作船泊位和油船泊位，其中油船泊位码头设计代表船型为 10 000 吨级油船（空载），停泊水域底高程 −6.4 m，回旋水域底高程 −5.5 m，二期为 −6.4 m，进港航道底高程为 −5.5 m。其中临近通道的油船泊位距通道

926 m，船坞距通道 1.5 km。

4. 通道附近锚地概况

本工程拟建通道附近主要有 NO:30LD 矾石水道浅水船舶防台锚地、NO:31LD 横沥、桂洲液气船清道护航锚地。锚地相关资料见表 4-7 和图 4-9。

表 4-7　工程附近锚地参数

锚地名称	锚地位置	范围	水深/m	底质	功能
矾石水道浅水船舶防台锚地（NO:30LD 锚地）	22°38′39.5″N、13°43′21″E 22°38′39.5″N、13°45′08″E 22°32′34″N、113°45′35″E 22°32′34″N、113°47′20″E	长 6 海里（1 海里＝1 852 m，全书同）、宽 1.5 海里	−5.2	沙	四点连线范围内水域为货轮防台
横沥、桂洲液气船清道护航锚地（NO:31LD 锚地）	22°34′38″N、113°42′15″E 22°34′38″N、113°42′12″E 22°33′54″N、113°42′21″E 22°33′54″N、113°41′24″E		−0.8～−2.4	沙	清道护航候泊、防台

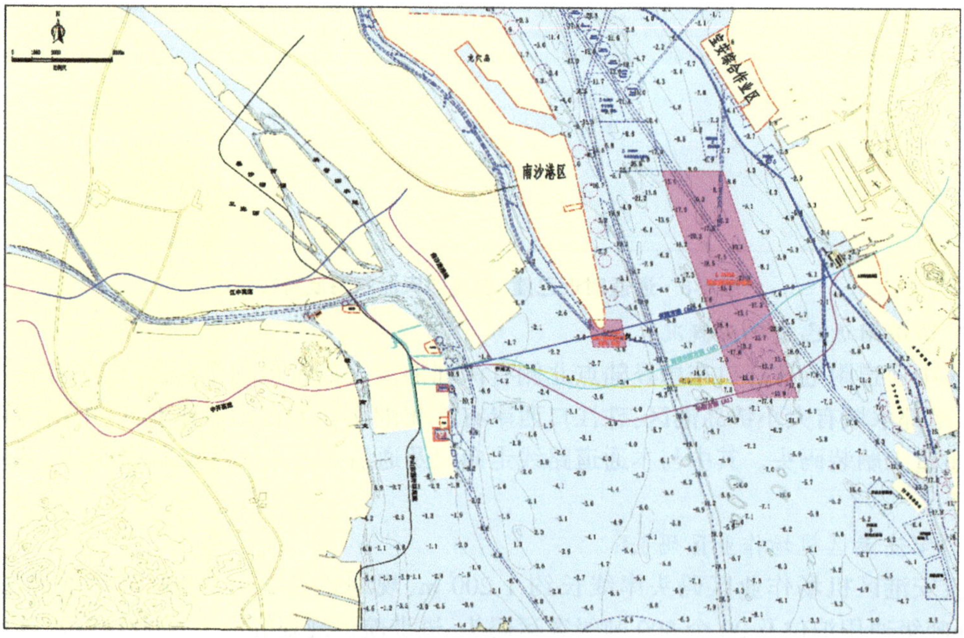

图 4-9　通道附近锚地图

5. 航道整治工程

广州港出海航道三期工程拟按照 10 万吨级集装箱船单向不乘潮通航、兼顾 12 万吨级散货船乘潮单向通航以及 5 万吨级船舶双向通航要求，航道设计底标高－17 m，有效宽度 243m 进行建设，该工程已于 2012 年完成。

4.1.1.3 基于水文测验和 AIS 解译的通航条件分析

1. 通道附近海域航道现状

1) 桥区航道概况

深中通道附近航道主要有广州港出海航道、机场支航道、大铲航道、矾石水道、龙穴南水道、横门东水道、横门水道等。其中,广州港出海航道、机场支航道、横门东水道、横门水道为人工整治航道,矾石水道、龙穴南水道、大铲航道为天然航道。

目前,伶仃航道、矾石水道、横门东水道等是万吨级以上船舶进出广州港、深圳西部港区、虎门港、中山港的主要通道;横门水道、机场支航道、龙穴南水道北段等为 5 000 吨级及以下航道,见图 4-10。深中通道附近主要航道现状指标如表 4-8 所示。

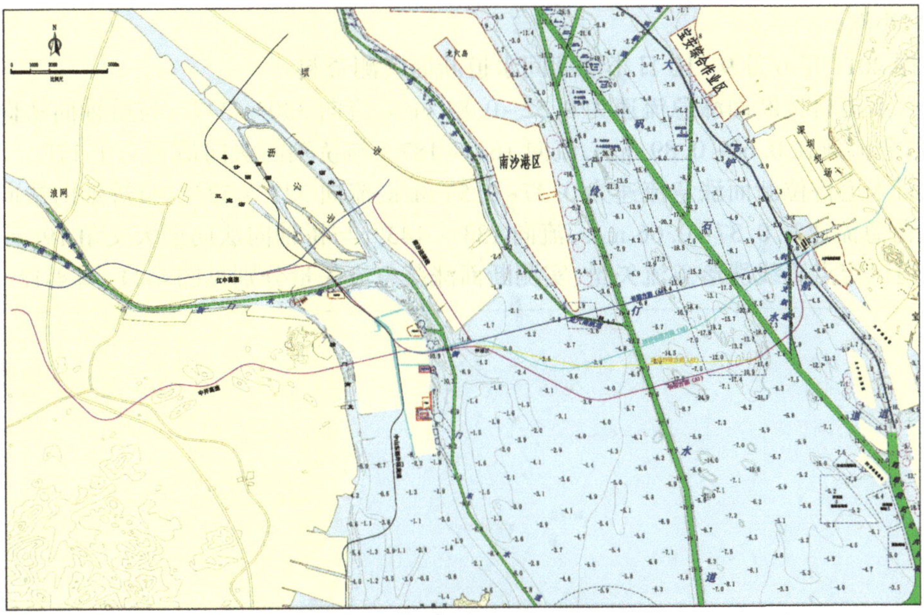

图 4-10 通道附近海域航道

表 4-8 深中通道附近航道现状指标

航道/水道	通航等级/t	航道底宽/m	航道底标高/m	说明
伶仃航道	100 000	243	-17.0	人工航道
机场支航道	3 000	110	-6.0	人工航道
矾石水道	5 000	150	-6.0	天然航道
龙穴南水道	3 000	120	-5.0	天然水道
横门东水道	3 000	80	-4.0	人工航道
横门水道	3 000	80	-4.0	人工航道
大铲航道	500	50	-2.0	天然航道

2）水流条件

本节根据长江水利委员会水文局长江下游水文水资源勘测局实测成果，分析拟建深中通道桥区夏季大小潮期间各通航水道涨落急时段流速、流向情况。

（1）大潮。

根据 2011 年 6 月 4~5 日大潮期间断面实测资料：

伶仃水道桥位断面涨急流速为 0.53~1.06 m/s，流向 338°~347°，与桥轴向法向最大交角 6°；落急流速在 0.88~1.10 m/s，流向 165°~187°，与桥轴向法向最大交角 15°。

矾石水道桥位断面涨急流速为 0.43~0.61 m/s，流向 326°~337°，与桥轴向法向最大交角 14°；落急流速在 0.50~0.83 m/s，流向 146°~158°，与桥轴向法向最大交角 18°。

（2）小潮。

根据 2011 年 6 月 9~10 日小潮期间水道断面实测资料：

伶仃航道桥位断面涨急流速为 0.52~0.81 m/s，流向 330°~347°，与桥轴向法向最大交角 6°；落急流速在 0.60~0.89 m/s，流向 163°~187°，与桥轴向法向最大交角 17°。

矾石水道桥位断面涨急流速为 0.27~0.54 m/s，流向 327°~333°，与桥轴向法向最大交角 12°；落急流速在 0.37~0.66 m/s，流向 133°~143°，与桥轴向法向最大交角 19°。

通道区定点垂线涨落急流矢量、实测断面涨落急流矢量分别见图 4-11、图 4-12。

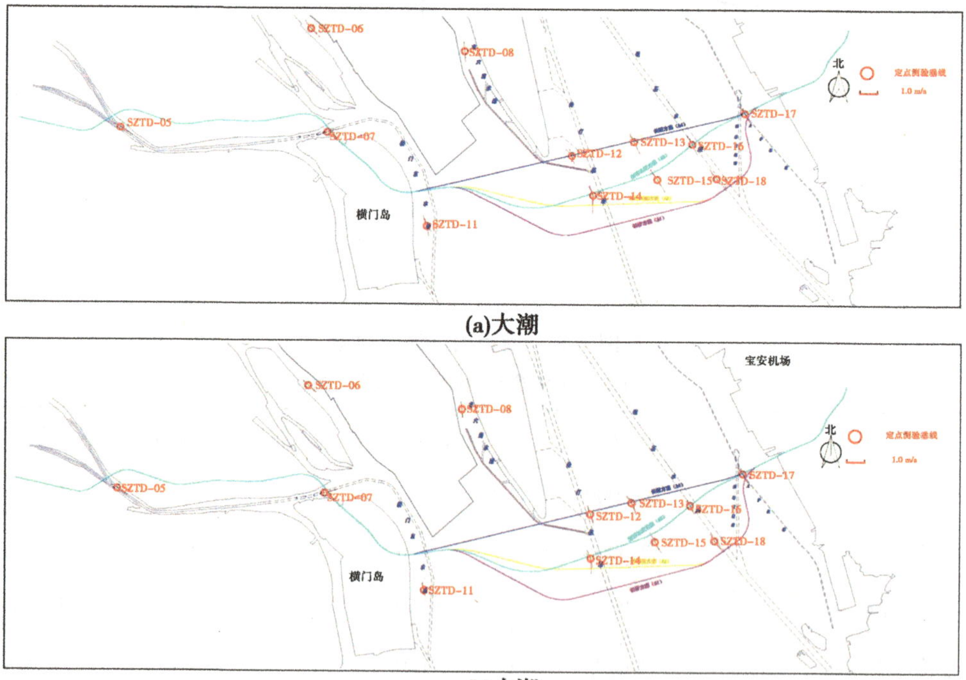

(a)大潮

(b)小潮

图 4-11　通道区定点垂线涨落急流矢量图

3）航标配布

拟建通道附近水域的机场支航道、矾石水道、伶仃航道、龙穴南水道、横门东航道导助航设施均配备良好，能够满足目前船舶安全通过各水道的通航要求，具体如下：

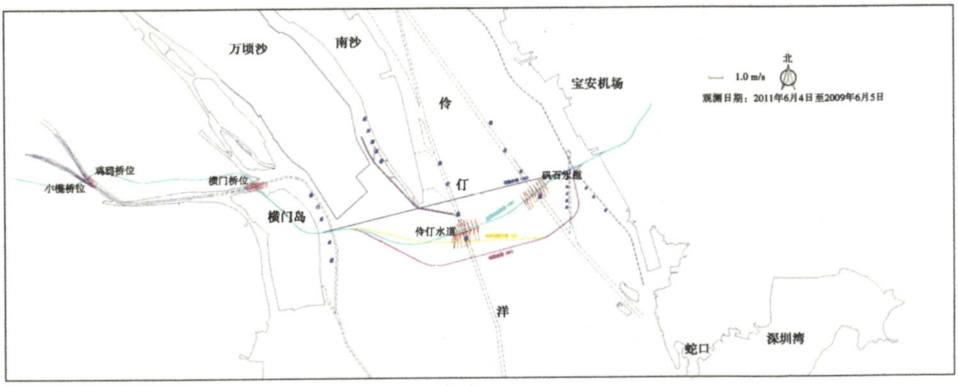

(a)大潮

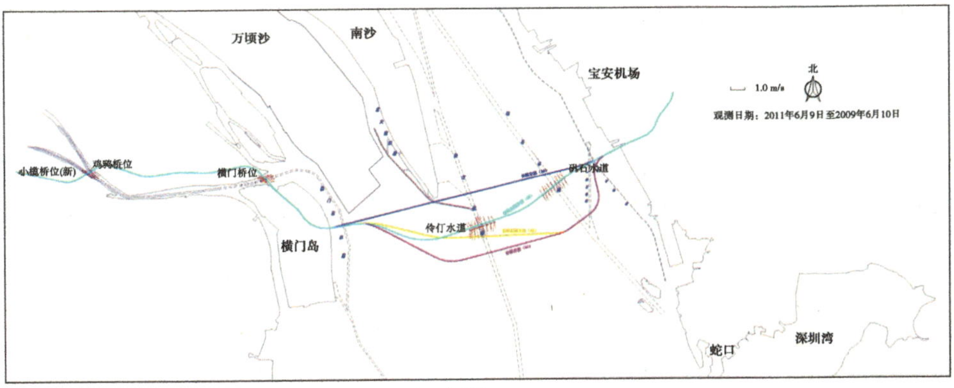

(b)小潮

图 4-12　实测断面涨落急流矢量图

广州港进港航道伶仃航道配布助航标志较好，从马友石灯船开始，结束于广州港 51#、52#灯浮，在伶仃航道灯浮标首次使用了 GPS 卫星授时的灯浮标同步闪技术，使整段航道呈现在航海者眼前，更加有利于操船者把握船位。

其他各水道均按照《中国海区水上助航标志》或《内河助航标志》的相关要求配布有航标。图 4-13 为深中通道附近现状航标配布图。

2. 通道附近船舶现状航路

穿越深中通道的船舶主要航路有横门东航道穿越航路，龙穴南水道穿越航路，宝安机场至澳门高速客船航路和宝安机场至香港高速客船航路，从香港、深圳返珠江水网的小船（大部分是在大铲岛经海关查验后返回珠江三角洲的船舶）航路等其他船舶航路，通道附近船舶现状航路见图 4-14，各航路概况如下：

1）横门东航道穿越航路

来自中山、肇庆、鹤山、江门、开平等地的船舶航经横门水道，穿越伶仃航道后转向航行进入铜鼓航道到香港；另外还有从横门东航道穿越伶仃航道至深圳的小型船舶和高速客船的习惯航路。

2）龙穴南水道穿越航路

来往于顺德和深圳、香港等地的高速客船和小型船舶航经龙穴南水道穿越伶仃航道。

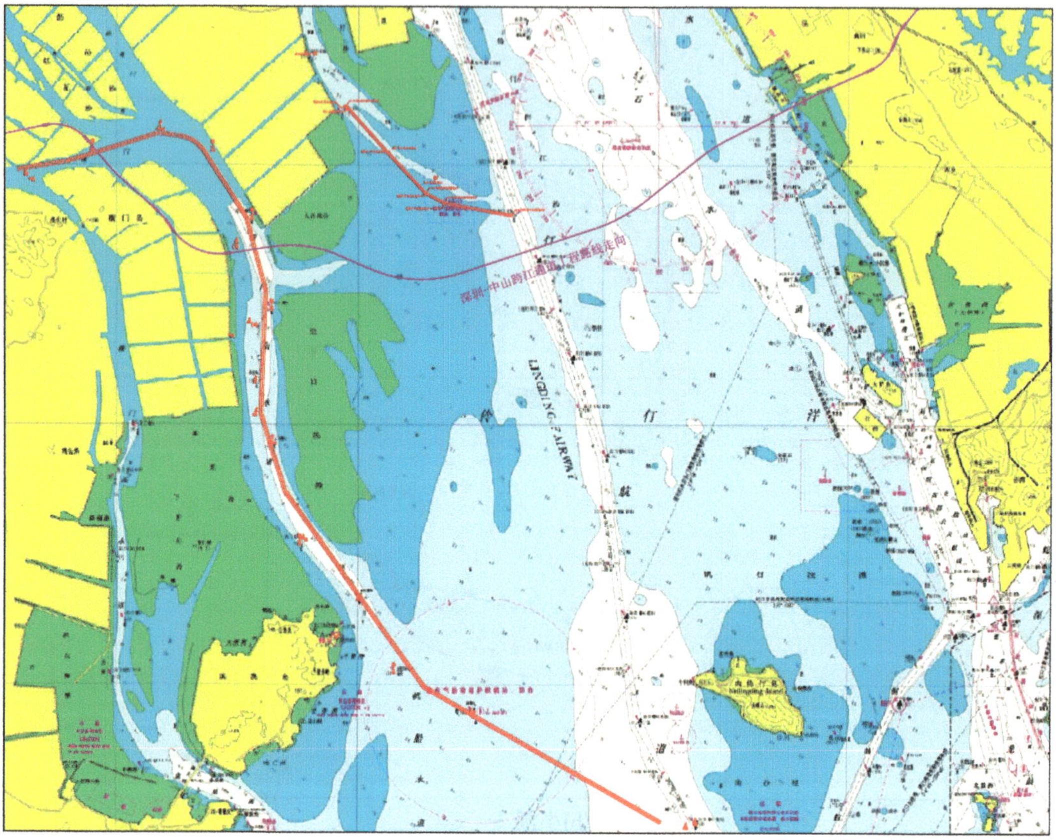

图 4-13　深中通道附近现状航标配布图

3）其他船舶航路

其他航路主要有从深圳机场至澳门高速客船航路和深圳机场至香港高速客船航路，从香港、深圳返珠江水网的小船（大部分是在大铲岛经海关查验后返回珠江三角洲的船舶）航路等。

3. 航行规定

本通道区船舶航行应遵循《珠江口水域船舶安全航行规定》（粤海事通〔2010〕7 号）、《大型船舶进出广州港航行安全管理规定》（粤海事通〔2011〕249 号）以及《广东海事局桥区水域通航安全管理规定》（暂行）（粤海事通〔2008〕211 号）等相关规定。

4. 通道附近船舶流量现状

为了研究通道沿线船舶通航密度和分布特点，采用 AIS、VTS 以及现场实态观测相结合的方法，于 2011 年 7 月 3～16 日对通道附近船舶流量进行了观测。

通道区域 AIS 船流量观测断面如图 4-15 所示，其中 L1 为矾石水道以东水域观测线，L2 为矾石水道观测线，L3 为矾石水道与伶仃水道之间水域观测线，L4 为伶仃航道观测线，L5 为龙穴南水道观测线，L6 为横门东航道观测线，L7 为横越伶仃航道和矾石水道观测线。其 AIS 现状流量观测结果见表 4-9。

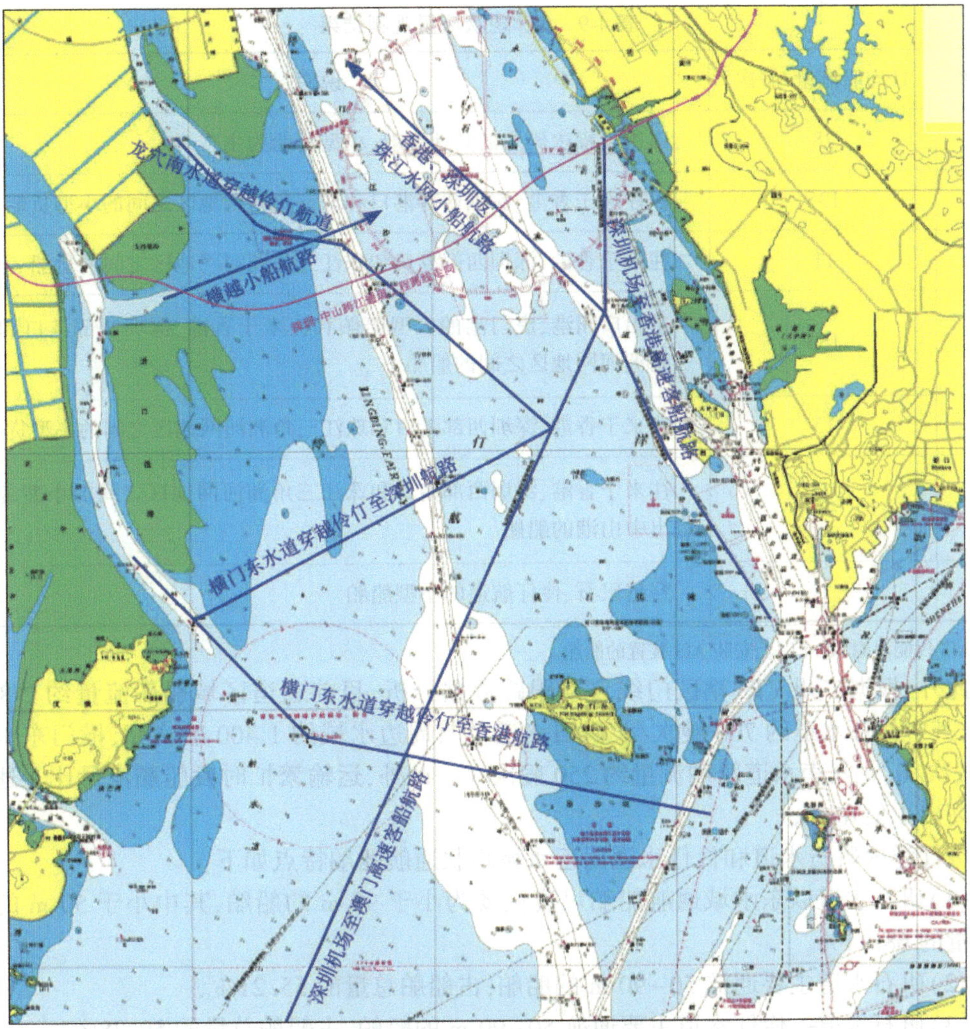

图 4-14　深中通道附近船舶现状航路图

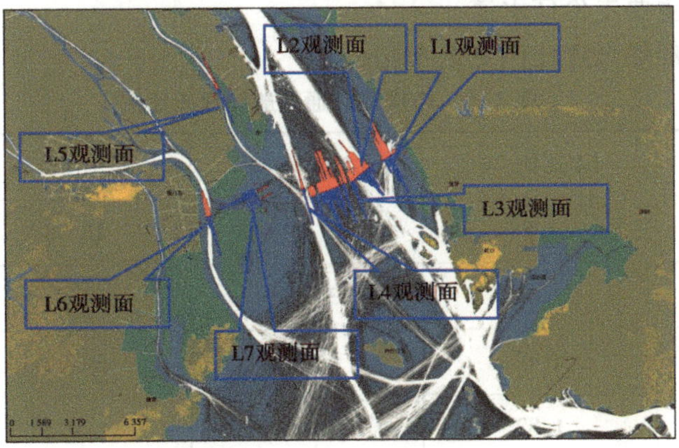

图 4-15　观测线位置示意图

表 4-9 AIS 现状流量观测结果

观测线	日均船流量/艘次	说明
L1	28	以进出福永码头的高速客船、小型货船为主
L2	135	以往来于香港、深圳西部港口和珠三角河网地区之间的小型货船为主
L3	11	往来于香港、深圳西部港口和珠江三角洲河网地区之间的货船
L4	156	进出广州港、虎门港的大型船舶和往来于香港、深圳西部港口和珠江三角洲河网地区之间的船舶
L5	15	往来于香港、深圳西部港口和珠江三角洲河网地区之间的小型货船
L6	46	往来于香港、深圳西部港口和珠江三角洲河网地区之间的小型货船及进出中山港的船舶
L7	1	穿越矾石、伶仃航道的小型船舶

注：AIS 仅能观测 500 t 以上安装 AIS 装置的船舶。

此外，根据广州 VTS 辖区门线自动跟踪数据分析，目前通道区域船舶流量约 2 800 艘次/d，其中伶仃水道约 700 艘次/d、矾石水道及其周边水域约 1 400 艘次/d、横门东水道约 450 艘次/d、龙穴南水道船舶流量约 250 艘次/d。此外，运输繁忙时段船舶流量比上述日均流量高出 1 倍左右。

伶仃洋内矾石水道和伶仃水道附近水域现状通航船舶特点如下：

（1）矾石水道以东水域通航船舶尺度主要为小于 90 m 的船舶，其中小于 50 m 的船舶占总量的 68.11%。

（2）矾石水道主要通航 50～90 m 的船舶，占船舶总量的 55.21%。

（3）矾石水道—伶仃水道主要通航 50～90 m 的船舶，占船舶总量的 59.38%。

（4）伶仃水道通航的主要为 50～90 m 和 90～180 m 的船舶，占总量的 77.09%；同时 180 m 以上的大型船舶主要走伶仃水道。

各观测线通航船舶尺度比例见表 4-10。

表 4-10 各观测线通航船舶尺度比例

船舶尺度	L1 比例/%	L2 比例/%	L3 比例/%	L4 比例/%
小于 30 m	31.89	9.94	18.75	4.10
30～50 m	36.22	34.19	21.88	3.85
50～90 m	30.07	55.21	59.37	37.70
90～180 m	1.82	0.56	0	39.38
大于 180 m	0	0.10	0	14.97

4.1.1.4 基于统计分析的通航安全条件梳理

1. 助航设施

珠江口航标布局较合理,功能较齐全,能够为驾驶人员提供各项助航服务,满足现状船型船舶进出港航行的需求。

2. 拖轮配备

珠江口拖轮配备情况较好,除南海救助局配备有多条拖轮外,还有社会力量配备有多条拖轮,具体拖轮配备情况见表 4-11。

表 4-11 珠江口拖轮配备情况

所属机构	主机功率	艘数/艘	船名
社会力量	低于 1 000 kW	7	
	1 000~3 000 kW	12	
南海救助局	12 000 BHP	5	“南海救 111”“南海救 112”“南海救 113”“南海救 115”“南海救 116”
	6 000 BHP	1	“南海救 159”
	4 400 BHP	1	“南海救 169”

3. 安全监管设备

1) VTS 设备

珠江口交管系统在珠江口东、西两岸共建有 22 个雷达站和 5 个 VTS 中心。该系统已覆盖了珠江口中部大部分水域,基本能够覆盖本通道工程附近水域,这些水上监管设备对于改善该水域的船舶交通秩序,增进船舶交通安全,提高通航效率,加强船舶交通管理发挥了重要作用。

珠江口水域 VTS 现状见表 4-12。

表 4-12 珠江口水域 VTS 现状

单位	建设规模	站点	传输方式
广东海事局	5 站 1 中心	何山顶、望赤岭、大角山、坭洲头、莲花山站、黄埔中心	微波
深圳海事局	2 站 1 中心	左炮台、背仔角站、海事局中心	公用网
香港海事处	11 站 1 中心	蒲台岛、猛浪角、石羔洲、铜锣岛、平洲岛等站,香港中心	微波公用网
澳门港务局	1 站 1 中心	澳门外港客运码头站及 VTS 中心	
珠海海事局	3 站 1 中心	担杆岛、外伶仃岛、横琴岛、珠海中心	微波

2) AIS 设备

广东海事局在珠江口水域建设有何山顶、左炮台、大角山、黄埔 VTS 中心办公楼 4 座 AIS 基站。珠江口区域共辖有黄埔、大角山、桂山、蛇口、盐田、三灶、高栏 7 个基站,完全覆盖了珠江口及蛇口港海域，信号无盲区，稳定可靠。

3）巡航艇配备

广州海事局共有海巡艇27艘，同时还有24艘巡航快艇等巡航船舶对拟建工程所处珠江口水域开展不间断的巡航监管。

4. 海事监管机构

拟建通道工程跨越广东海事局、深圳海事局辖区水域，其中广东海事局管辖的桥区水域占整个桥区水域的绝大部分。辖区内包括横门东水道、龙穴南水道、伶仃航道、矾石水道，船舶交通流密集，易发生水上交通事故。目前，广东海事局已经在珠江口辖区建立了全天候运行、全方位覆盖的水上交通安全监管机制。广东海事局下属的广州、中山海事局在珠江口水域设立布局合理的海事处、办事处，采用巡航船舶对该水域开展不间断的巡航监管、值守；广州VTS对该水域实行24 h监控，巡航船随时响应VTS要求开展现场执法；广东海事局空巡分队利用直升机进行巡航，与VTS、巡航船舶相互配合，对珠江口水域进行立体监管。

5. 相关管理规定

（1）《珠江口水域船舶定线制》，广东海事局，2004年3月。

（2）《珠江口水域船舶航行指南》，广东海事局，2003年3月。

（3）《珠江口水域船舶报告制》（试行）。

（4）《广东海事局桥区水域通航安全管理规定（试行）》，广东海事局，2008年6月17日。

（5）《珠江口水域船舶安全航行规定》（粤海事通〔2010〕7号）。

6. 交通事故统计分析

珠江口是珠江水系的主要出海口，是我国通航密度和通航量最大的水域之一，也是水上交通事故多发水域，被交通部列为全国重点监管水域。根据相关资料统计，2008~2010年珠江口水域共发生水上交通事故39宗，其中2008年13宗，2009年16宗，2010年10宗。

2008~2010年虎门大桥至桂山岛水上交通事故共发生13宗，其中重大事故2宗、大事故5宗、一般事故6宗。

1）事故发生时间统计分布

虎门大桥至桂山岛水上交通事故主要发生在04:00~08:00和08:00~12:00时间段，其他时间段也偶有发生。

2）事故发生空间分布

根据近3年事故统计资料，深中通道工程附近水域发生的水上事故为一般事故。

3）发生事故船舶的吨位统计分布

水上交通事故发生较多的船舶类型为小型船舶（3 000总吨以下）和大型船舶（1万总吨以上），其他类型船舶发生相对较少。

4）事故种类统计分布

水上交通事故以碰撞事故为主，占事故类型的69%。

4.1.1.5　对通道具有重大影响的航空限高因素分析

深圳宝安机场位于深中通道线位北侧，距离深圳登陆点约2 km，距离矾石水道约8 km，距离伶仃水道约12 km，距离横门东水道约20 km。在上述地点均存在一定的航空限高。

4.1.2　船舶大型化趋势研判

伶仃航道是广州港和东莞虎门港的主要通海航道,深圳至中山跨江通道工程伶仃航道桥通航净高度的确定主要考虑广州港南沙港区未来的建设和发展。南沙港区未来将重点发展大型集装箱码头,兼顾豪华邮轮运输。本次研究主要针对集装箱和邮轮两种货类的船舶大型化趋势进行了研判。

4.1.2.1　集装箱船舶大型化分析

集装箱船舶大型化进程既有发展空间,又存在着一定的约束。一方面,大型集装箱船的运营能够为大型班轮公司或班轮公司联盟在市场竞争中取得优势地位,有利于提升班轮公司市场份额,同时能够降低班轮公司运营成本,随着造船技术的发展,市场竞争、运输经济性等因素将有效推动超大型集装箱船舶的进一步发展,未来船舶进一步大型化仍存在发展空间。另一方面,集装箱船进一步大型化仍需考虑诸多非技术性因素,如主要航线通航限制条件,主要集装箱枢纽港航道、港口条件,运输链风险、公共政策等,上述因素将成为集装箱船进一步大型化的约束条件。

1.基于运营成本和市场竞争的超大型集装箱船舶前景分析

随着世界经济和国际贸易的稳步发展,集装箱运输的需求不断增长,推动着集装箱船舶日益向大型化的方向发展。2011年以来,对于单箱边际收益的追逐推动着集装箱船的超大型化趋势,以致16 000~19 000标箱级的超大型集装箱船的设计和营运获得巨大成功。

根据目前实际营运情况,在亚欧航线上,载货量和载箱率水平超乎预期,马士基的Triple-E船型最大达到18 000标箱以上的载箱水平,其他在用船型基本达到75%以上的载货量。18 000~19 000标箱级的超大型船型,在实践中证明了船型尺度规模的巨大效应。班轮公司订造18 000标箱级别船是为了保持单位舱位成本的竞争优势。2011年,马士基研究表明,同13 100标箱船相比,3E级船的单位舱位成本要低26%。平均每个集装箱运量的油耗要比13 100标箱船低35%,比亚欧贸易航线上的平均单位油耗水平要低50%,比艾玛·马士基(Emma Maersk)为首的15 800标箱系列E级船低20%。这也意味它们的二氧化碳排放量会更少。大型集装箱船带来的运输成本的节省已足以超过其在船价上所增加的开支。

面对2011年马士基订造的18 000标箱级别船交付后更强烈的"3E冲击波",2013年5月,中海集运和阿拉伯海运率先宣布订造5+1艘19 100标箱船和18 540标箱船。2014年底中海集运的船型也进入营运。地中海航运同不定期船东Scorpio集团签订了11艘19 224标箱新船的17年租赁合同。达飞把在建的8艘新船的容量从16 000标箱提升为17 700标箱。2014年11月,东方海外宣布将订造8艘18 000标箱的船,商船三井将订造4艘20 000标箱船。12月,长荣海运宣布将长期租入6艘18 000标箱船。马士基宣布订造6艘19 000标箱船的计划。至此,世界上18家全球承运人中,至少有8家已经拥有、或订造、或租赁18 000标箱级别船。18 000标箱级别船有望成为2M、O3、G6和CKYHE四大联盟16家成员公司的"标配"。近期MOL和长荣公布了实际订造的20 000标箱船,在现有19 000标箱船的基本主尺度的基础上,加大型深,考虑货舱内12层标箱的装载,总箱数突破了20 000标箱,最大达到20 500~20 600标箱,引起市场震动。

一场超大型箱船型的盛宴正在展开,很多机构和设计方,都在预测下一个船型会达到

22 000、24 000 甚至 30 000 标箱级船型。

2. 超大型集装箱船运营航线分析

大型集装箱船倾向于不只在两个固定集装箱港口之间来回，因为那样做性价比不高。大型集装箱船更多的是沿很长的航线航运，造访很多港口。

大型集装箱航运线路可分为两组：远东—欧洲航线和远东—北美州航线。

远东—欧洲航线可分为经苏伊士运河航线、绕经好望角航线、绕经北极/俄罗斯北部航线三类。苏伊士运河航线对大型集装箱船非常重要。这条航线上，船舶经过马六甲海峡、曼德海峡、苏伊士运河及直布罗陀海峡，可造访很多重要的集装箱港口，如中国的广州、深圳、上海、大连、香港，新加坡，马来西亚丹绒伯勒巴斯港，荷兰鹿特丹港，英国费利克斯托港及德国不来梅港。目前，马士基的大型集装箱船还继续到达波兰格丹斯克港。苏伊士运河航线上广州港和鹿特丹港之间的距离约 18 000 km。

远东—欧洲航线大型集装箱船也可绕经好望角。在这条航线上，广州和鹿特丹之间的距离估计约 25 500 km，比经苏伊士运河长了约 7 500 km（42%）。此外，船队经过好望角时还可能会碰到恶劣的天气。

远东—欧洲航线也可绕经北极/俄罗斯北部。但由于某些限制及不确定因素，这条航线对大型集装箱船不是很有效。因此，可以得出结论：远东和欧洲之间经过苏伊士运河的航线最为有效，实际也是如此，从 2014 年各条航线的集装箱海运贸易量（见图 4-16）也可以看出。

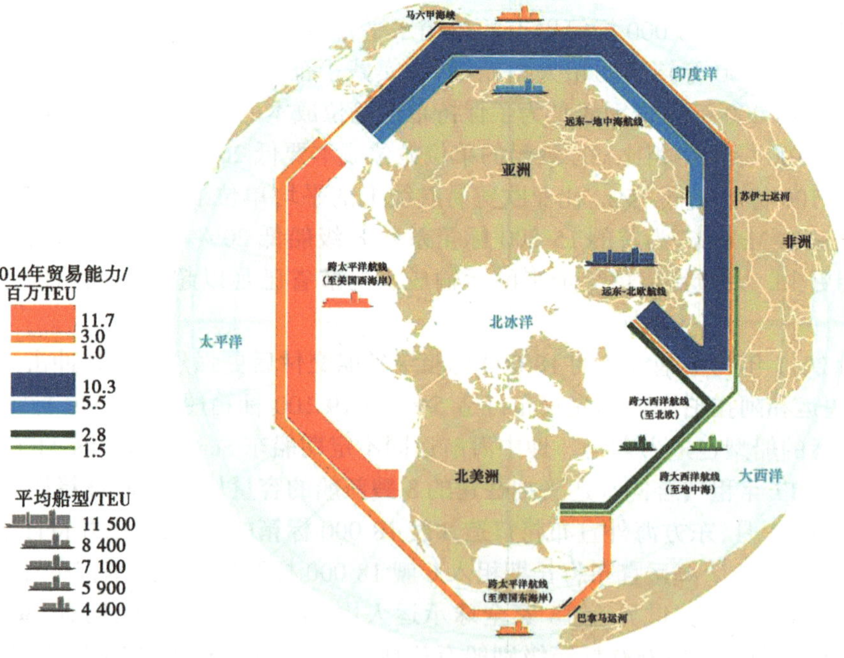

图 4-16　2014 年各条航线的集装箱海运贸易量示意图

远东—北美航线可分为远东—北美西海岸航线、远东—北美东海岸航线、经苏伊士运河通过欧洲、经巴拿马运河、经麦哲伦海峡几类。

远东—北美西海岸的航线直接穿过太平洋，不经过任何海峡。这条航线对大型集装箱船只的发展不起控制作用。

从中国港口出发的大型集装箱船可以通过两条主要航线到达美国东部港口。这些船可以先经过苏伊士运河到达欧洲港口，然后通过大西洋到达美国东部港口（如纽约港），还可以再经过巴拿马运河或者麦哲伦海峡到达美国西部港口（如洛杉矶）。另一条航线是首先经过太平洋到达美国西部港口，然后经过巴拿马运河或者麦哲伦海峡到达美国东部港口。

经巴拿马运河时，洛杉矶和纽约之间的距离约 9 200 km；绕经麦哲伦海峡时约 23 700 km。通过麦哲伦海峡时，集装箱船舶可能会遇上恶劣天气，因此考虑经济因素、安全及稳定性和时间因素，经巴拿马运河比绕行麦哲伦海峡更为有利，因此远东—北美东海岸航线的集装箱船需经过苏伊士运河或者巴拿马运河。

综上，集装箱船的主要航线上有些重要航道，这些航道可能会限制船舶尺寸。需要对苏伊士运河、巴拿马运河、马六甲海峡、直布罗陀海峡、曼德海峡以下航道进行研究。

3. 主要航道上限制集装箱船尺寸的因素分析

1) 苏伊士运河

苏伊士运河是远东—西欧航线上的一条重要航道，它是埃及的一条人工运河，北起塞得港，南至苏伊士城，连通了地中海和红海。由于其独特的地理位置，苏伊士运河是东方和西方连通的最短通道。苏伊士运河大桥最大允许净空高度限制了这条主航线的通行船舶，为水线以上净空高度 68 m。苏伊士运河最大 16 m 吃水，据报道埃及有增加运河吃水的计划，预计最大吃水将在 17 m 左右。

2) 巴拿马运河

巴拿马运河是另一条主要海运航道，位于巴拿马境内，长 77.1 km，连通了大西洋（通过加勒比海）和太平洋。运河径直穿越了巴拿马地峡，是国际海洋贸易的关键通道。在巴拿马运河上的限制有美洲大桥、百年大桥、巴拿马运河三桥，以及巴拿马运河管理条例的限制。

美洲大桥全长 1 654 m，主孔跨径 344 m，通航净空高度是 61.3 m（高潮位时）。百年大桥总长 1 052 m，主跨 420 m，通航净空高度 80 m。不同于美洲大桥，百年大桥有很大的通航净空高度，不会因为净高限制大型集装箱船的发展。巴拿马运河三桥是一座在建的公路桥，主跨 530 m，两侧边跨 230 m，净空高度 75 m（平均高水位起算）。

巴拿马运河管理条例规定通过巴拿马运河或进入巴尔博亚港口的集装箱船在任何潮位情况下允许高度是 57.91 m（从水位线到船的最高点）。在得到运营管理部门事先许可后，低水位时可以允许 62.5 m 高的船舶通行。最大高度的限制因素包括涨潮和涌浪、风浪等引起的不可预测的向上运动，以及在博亚港口桥下悬挂有检修设备（博亚港口的大桥即美洲大桥）。

目前巴拿马运河通航船舶的最大长度、宽、深分别为 294.13 m、32.31 m 和 12.04 m（淡水）。巴拿马运河拓建工程 2015 年完成后，运河容量会增大，通航船舶长、宽、深可分别达到 366 m、49 m 和 15.2 m。

3) 马六甲海峡

马六甲海峡是另一条重要航道，远东—西欧航线上的集装箱船大多数都需经过马六甲海峡。能通过马六甲海峡的最大船舶被称为马六甲型“Malaccamax”。海峡深度开挖到 25 m，不允许一些吃水深度超过可用水深的巨型油轮的通航。目前最大的集装箱船能通过马六甲海峡。

4)直布罗陀海峡

直布罗陀海峡连接了地中海和大西洋。北岸为欧洲的直布罗陀和西班牙,南岸为非洲的摩洛哥。海峡最窄处 14.3 km,是欧洲和非洲的分界线。设想通过桥梁或隧道跨越直布罗陀海峡,连接欧洲和非洲。西班牙和摩洛哥政府成立了联合委员会,进行连接两个大陆的通道的可行性研究。目前直布罗陀海峡上没有大桥,因此对集装箱船的垂直净空也没有制约。

5)曼德海峡

在经过红海的亚欧主要海运航线上,集装箱船都得经过曼德海峡。曼德海峡设有分道通航制,把向北和向南的船舶分隔开。根据航海图,分道通航制区域的最小水深约 50 m,因此曼德海峡的水深不会对集装箱船的吃水深度有限制。科威公司几年前曾参与过曼德海峡一座大桥的初步研究。考虑到该项目是前期阶段,不考虑这座桥对集装箱船的净空高度限制。

4. 集装箱港口设施条件限制因素分析

根据亚欧航线上主要港口的情况,欧洲港口,吃水限制基本在 16.5 m,最大达到 18.0 m;桥吊最大距离基本在 62 m/22 列箱的起吊能力,最大达到 71 m/25 列箱的起吊能力。亚洲(除中国外)和中东港口,吃水限制基本在 16.5 m,最大达到 18.0 m;桥吊最大距离基本在 62 m/22 列箱的起吊能力,最大达到 68 m/24 列箱的起吊能力。

中国沿海港口,吃水限制基本在 17.0 m,最大达到 17.7 m 左右;桥吊最大距离基本在 65 m/23 列箱的起吊能力,最大达到 68 m/24 列箱的起吊能力。

由此可见,目前亚欧航线的港口吃水基本在 16.5 m 左右,桥吊最大距离,中国港口平均在 65 m/23 列箱的起吊能力,而欧洲,中东和亚洲其他港口平均在 62 m/22 列箱的起吊能力。

由于欧洲港口的限制,只有四大港口能够接纳 23 列箱的码头装卸,所以目前超大型集装箱型的船宽基本限制在 59 m 左右,甲板最大 23 列箱布局。吃水也控制在 16.0~16.5 m。另外,港口桥吊的起吊净空宽度也限制了甲板上最大层数的发展。

世界主要集装箱枢纽港的航道水深已成为接纳超大型集装箱船舶停靠的重要因素。全球大多数港口码头的泊位及航道水深基本无法适应超大型集装箱船靠泊要求。与此同时,超大型集装箱船舶也对港池回转半径、装卸桥、堆场等提出了更高的要求。为应对超大型船舶停靠需求,港口码头必须大规模疏浚航道、配备新式装卸桥并有效提升港口整体服务效率,这类工程往往耗资巨大,且受到环保等政策制约,实施难度较大。因此,从港口基础设施的角度来看,未来集装箱船吃水继续增加的幅度将非常有限。

5. 基于船舶建造技术的集装箱设计尺度分析

1)船长的设计考量

超大型集装箱船型的船长根据标准集装箱的堆重及上层建筑和机舱尺度决定。船长对于超大型集装箱船型的总体强度起到决定性作用,特别目前计入实际波浪载荷对船体强度和疲劳分析表明,船长的增加必须充分考虑船体强度,保持足够的裕度,否则会发生极大的风险。MOL COMFORT 事件,极大地提醒了超大型集装箱船型设计建造的各方,注重船舶安全永远是第一位的,其事件现场见图 4-17。IACS(国际船级社协会)为此更新和公布了最新的强度设计建造标准。

图4-17 MOL COMFORT 事件现场

在拓展船长更大的船型时，增加船长基本基于一行40尺标准箱长度和相应舱壁距离，一般在14.5~15.0 m。标准集装箱长度决定了船体加长的级差以及对货舱间隙和典型横舱壁宽度的影响，而箱船U形敞开式横截面致使船体上部钢板受到影响。在18 000~20 000标箱级船上，船体上部板材最大厚度达到80~95 mm。高强钢板厚度存在技术极限值，同时底部区域的总体强度限制了470 N/mm^2 钢的使用，相应的焊接施工工艺需要控制，确保船体的强度和刚度。通过增加船长提高船型载箱量必须考虑高强度厚板的最大厚度，目前市场供应的最大厚度就是85 mm的470 N/mm^2 钢和95 mm的400 N/mm^2 钢，船长过长，需要相关材料的突破。

2）船宽的设计考量

目前交付和订造的18 000~20 000标箱级船型，可以保证相同标箱量的短宽型船舶，能降低建造成本，这是考虑当今成本压力的重要因素。从强度角度看，对目前的设计进行加宽对总纵强度的影响比船舶加长小得多。此外，船体加宽能增加的标箱量多于船体加长。

然而也有不利因素，即船体加宽会加重船舶两舷沿不同纵向方向的翘曲变形，这将加剧舱口盖，导致支撑垫磨损，增加维护成本或要求高强度舱口盖。此外，翘曲变形会影响货舱内以及舱口盖上方集装箱与绑扎桥之间的相互作用。为控制这种影响，目前相关船型已经考虑将甲板室移至前方区域，使甲板室下方形成封闭强力结构，最后产生双岛式设计。

同时，船宽的加大设计，必须考虑对绑扎系统的影响。由于作用于集装箱船的横摇与横向加速度取决于船宽，它们会对绑扎设备允许载荷以及船桥甲板上的人员产生影响。目前对于宽体船型的发展，已经考虑增加绑扎桥的高度，允许高层堆垛较重集装箱或者减少横摇产生的横向力对低层集装箱造成的横向扭变载荷，增加船宽意味着标称箱量将与实际载箱量不同。

3）船深的设计考量

船深取决于货舱箱数、舱口盖高度以及顶层集装箱与舱口盖底边之间的距离。此外，上层甲板与舱口盖顶之间至少2 m高的通道必须保持畅通。在设计时需要考虑集装箱自身强度、最大堆重及堆重高度，否则会导致货损。

4）净空高度的设计考量

船型的净空高度取决于船深高度、甲板舱口围高度、舱口盖厚度、堆重集装箱的最大层数以及 IMO 视线的要求。舱口盖上方集装箱数量上限受集装箱强度的限制，与船深相似，主要不同之处在于船舶横摆产生的横向扭变载荷——在货舱内因导轨的存在而无此现象，此影响可以通过较高绑扎桥（目前最高为三层）和不同的堆垛装置消除。

必须注意的是，由于底层集装箱强度的限制，堆垛总载荷只能略微增加，但是堆垛的重量分布可以调整。现已有舱口盖上方 11 层集装箱堆垛设计的船舶等待交付，另一个要素是舱口盖上方集装箱层数的增加，将进一步增加甲板室乃至船桥甲板的高度，不满足 IMO 的视线要求。

基于上述分析，预测近期最大的集装箱船舶载箱量将达到 22 000 TEU 左右，船舶长度在 400~450 m，宽度在 60~64 m，结构吃水在 16~17 m，总高在 68~73 m；远期集装箱船载箱量有可能达到 30 000 TEU，预计其总长达 530~550 m，宽度在 65~70 m，结构吃水在 16~18 m，总高在 74. 2~78. 2 m，水线以上高度将达到 66. 2~69. 2 m。其中，船舶总高在现有 18 000~19 000 TEU 船型基础上，按增加 2~3 层集装箱堆高计算。

4. 1. 2. 2　豪华邮轮大型化分析

（1）邮轮大型化发展过程中具有以下特点：

①庞大的市场需求与精品航线的组合是邮轮大型化的基础条件。以皇家加勒比“绿洲”系列船舶为例，该系列船舶主要运营于加勒比海航区。首先，该航区气候宜人，岛屿星罗棋布，是世界上最大的珊瑚礁集中地，拥有许多世界上顶级的沙滩、热带雨林以及其他丰富的海洋旅游资源，是世界上最经典的邮轮航线之一。其次，该航区以美国客源为主，美国经济发达，居民收入水平高，休假制度完善，邮轮旅游具有良好的市场基础，年邮轮客源超过 1 000 万人，其中乘坐加勒比海航线的邮轮乘客约 600 万人。精品航线与庞大的市场需求，为大型化邮轮的发展奠定基础。此外，与集装箱船类似，造船技术的进步也为邮轮的大型化提供了有效保障。

②大型邮轮的规模效应是推动邮轮大型化的内生动力。

③采用大型邮轮反映了部分邮轮公司的发展策略。目前，邮轮大型化主要由皇家加勒比引领，该公司的策略是通过建造大型船舶，提供更大的船上空间，进一步拓展功能，满足邮轮乘客多元化的需求，增加乘客体验。

④邮轮的大型化同样受到相关港口设施、主要航线通航限制等制约。

未来国际邮轮市场仍将保持较快发展，同时，亚太地区邮轮业将快速起步。随着市场规模的不断发展，亚太地区在需求规模大的精品航线上，运营邮轮存在进一步大型化的可能性。预计亚太地区始发航线邮轮将以 8~15 万吨级船型为主。

（2）未来邮轮规模和高度不会进一步增长的发展趋势研判分析：

①保障 5 000 多名乘客的后勤是比较困难的，邮轮目的地及停留港口必须能解决这一难题。

游船的规模，特别是乘客数量是成功造访港口的制约因素。保障 5 000 多名乘客的后勤是比较困难的，邮轮的目的地及停留港口必须要能解决这个难题。上下船时间过长会引起乘客的不满，还会增加停泊时间，这在成本优化中是一个非常昂贵的因素。热门目的地可能还对净空高度及其他参数有限制，船队不能超出这些要求，否则这可能会减小市场灵活性。

②紧急情况下（如发生火灾或船撞时）的安全逃生以及对邮轮完整稳定性和破舱稳定

性的要求等船舶安全管理风险因素存在问题。

紧急情况下的安全救援是海事部门的关注重点，特别是在偏远地区。乘客数量巨大使得万一发生类似船撞或火灾时救援的风险增大，因为直升机的救援能力相比被困的人数来说非常有限。

所以，这就对邮轮尺寸、安全救援的应急准备及破舱稳定性提出了更严格的要求。鉴于此，邮轮上乘客的最大数量将来不太可能会再增加，预计趋于稳定，或者预期甚至会减少。

③邮轮可以采用过桥时降低高度的方式。

目前最大最高的邮轮是皇家加勒比"绿洲号"，总吨位约为 225 000，水面以上净高约 72 m。通过使用可伸缩烟囱，可以把空载时船舶净高降低到约 65 m。例如："海洋魅力号" 2010 年通过大贝尔特桥（降低了一对可伸缩烟囱高度，仔细调整了压舱重量和行驶速度）。图 4-18 右下角的小图是"海洋魅力号"在正常航行途中烟囱没有降低、净高最大时的照片。

图 4-18　"海洋魅力号"降低烟囱通过大贝尔特桥现场

因此，"绿洲号"级别的邮轮可以通过伸缩烟囱把净空高度降低大约 7 m，这样就满足了大贝尔特东桥 65 m 的通航净空（从平均水位起算）。

综上，邮轮的规模和高度不认为会超过目前市面上最大的邮轮，70 m 左右的水面以上净高对于未来的邮轮应是足够的。

4.1.3　通道路线方案及通航方案选择

4.1.3.1　通道路线选择

深中通道工程可行性研究编制单位依据珠江口东西两岸可能的接线点，结合广东省高速公路网布局规划，初步拟定了 5 个可能的通道方案：①新隆—深圳机场南；②新隆—深圳机场北；③新隆—东莞长安；④金鼎—深圳机场南；⑤金鼎—深圳南山前海。深圳至中山过江通道走廊初步方案示意见图 4-19。

走廊带研究表明，通道方案四和通道方案五距离港珠澳大桥较近，部分功能与港珠澳大桥重叠，不利于路网总体效益的发挥；且与珠江东西两岸连接也不够顺捷，在构筑区域东西向高速通道方面的作用较弱；此外，通道偏珠江南面，海面宽阔，跨江工程规模较大，从路网

图 4-19　深圳至中山过江通道走廊初步方案示意图

规划、工程规模等角度考虑，应舍弃方案四、方案五。

经比选后余下的 3 个通道方案，项目组从通道的功能定位、路网协调性、主交通量的适应性、两岸接线条件分析、与规划的协调性、对南沙港区的影响等多方面进行了比较。深中通道在珠江三角洲综合运输体系中具有不可替代的重要作用，推荐通道方案一走廊带从深圳机场南至中山新隆，东与机荷高速相连，西侧对接江中高速，北距虎门大桥约 30 km，南离港珠澳大桥 40 km，处于虎门大桥和港珠澳大桥的中间位置，路网均衡，符合主交通流流向，两边接线均已规划预留，是深中通道合理的走廊。通道走廊带方案综合比较见表 4-13。

针对深中通道方案一走廊带，综合伶仃洋内通航、航空限高以及防洪等控制性因素，提出了全桥（A1）、东桥西隧（A2）、西桥东隧（A3）以及长隧（A4）等 4 种方式通过伶仃洋，并与跨越珠江河网段单一路线组合形成了 4 个通道路线方案（见图 4-20）。

表 4-13　通道走廊带方案综合比较

序号	比选条件	通道方案一	通道方案二	通道方案三
1	从落实《规划纲要》，促进一体化需要	能很好地促进落实《规划纲要》	促进作用一般	促进作用一般
2	深中的功能定位	很好地符合深中功能定位	与深中功能定位符合性一般	与深中功能定位符合性较差
3	从与路网协调性	路网衔接合理，布局均衡	路网衔接合理性一般，均衡性一般	路网集散功能不强，距离虎门大桥太近，均衡性较差
4	从主交通流的适应性	与主交通流适应最好	与主交通流适应性一般	与主交通流适应性较差，绕行较远

续表 4-13

序号	比选条件	通道方案一	通道方案二	通道方案三
5	从营运里程和节能	营运里程最短，设计年限内节能 1 140 亿元	相对 A 线绕行 10.1 km，设计年限内节能 810 亿元	相对 A 线绕行 25 km，设计年限内节能 437 亿元
6	从两岸接线条件分析	两侧均有预留走廊，接线条件较好	深圳岸接线条件较差，拆迁量很大，同时与深茂铁路共用走廊，实施难度非常大	东莞侧接线条件较差，横穿东莞虎门和长安两镇
7	从与规划的协调性	完全符合深圳、中山规划，对广州、东莞规划无影响	不符合深圳、中山规划，对南沙港区规划影响较大	与东莞规划冲突较大，占用广州海岸线资源
8	从对南沙港区的影响	对航运无影响，能起到南沙疏港公路功能	对南沙港区规划影响较大，从深水内港区横穿	占用南沙岸线资源，对港区有一定影响，能起到疏港公路功能
9	地方意见	深圳、中山、东莞支持，广州不反对	中山、深圳反对，东莞不反对，广州反对	中山、深圳、东莞反对，广州支持
10	推荐意见	推荐	不推荐	不推荐

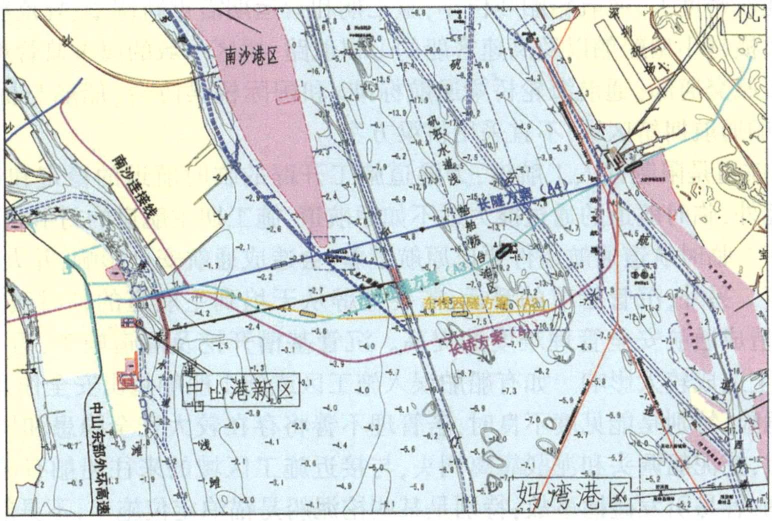

图 4-20　深圳至中山过江通道路线方案示意图

4.1.3.2　通航方案选择

从对河势变化的适应性、对南沙港区和长安港区运输船舶通航的影响、对海洋结构物通航影响、对习惯航路影响、施工期间对通航安全及通航环境的影响、营运期间对通航安全及通航环境的影响、对航空安全影响、风险控制、对防洪水利影响等方面对提出的 4 种通航方案进行比选，并将西桥东隧（A3）作为推荐方案。

1. 全桥方案（A1）

（1）受桥梁净空高度的影响，进出龙穴造船基地的特种海洋工程设施船将无法通航。

（2）受大规模挖沙影响，伶仃洋矾石水道航槽的稳定存在不确定性，难以在矾石水道合理确定桥梁通航孔位置和合适的宽度。此外，矾石航道桥的桥塔高度无法满足深圳宝安机场航空限高要求，桥梁也不能适应矾石水道的通航要求。

（3）矾石水道段水域为伶仃洋内航道和航路密集区，该水域内现有大铲航道、机场支航道、矾石航道以及福永、深圳机场至澳门和香港，深圳、香港通返珠江水网等航路。此外，该区域内船舶通航密度大、通航船舶吨位小，施工期和营运期需重新调整、规范船舶习惯航路，特别需要调整横越小型船舶以及高速客船的习惯航路，桥区水域的海事监管难度加大，船撞风险较大。按照交通部《通航海轮桥梁通航标准》和国际桥梁协会《船舶与桥梁的碰撞》（ship collision with bridges，IABSE）的要求，对于船舶通航拥挤区域，不宜采用桥梁方案。

综合分析认为，本方案对通航安全影响巨大，方案不可行。

2. 东桥西隧方案（A2）

（1）东桥西隧方案由于矾石水道航道桥按照通航10万吨级集装箱船、净宽不小于630 m、净高不小于62.5 m要求进行设计时，航道桥塔高度无法满足深圳机场航空限高要求。

（2）受大规模挖沙影响，伶仃洋矾石水道航槽的稳定存在不确定性，难以在矾石水道合理确定桥梁通航孔位置和合适的宽度。此外，矾石航道桥的桥塔高度无法满足深圳宝安机场航空限高要求，桥梁也不能适应矾石水道的通航要求。

（3）矾石水道段水域为伶仃洋内航道和航路密集区，该水域内现有大铲航道、机场支航道、矾石航道以及福永、深圳机场至澳门和香港，深圳、香港通返珠江水网等航路。此外，该区域内船舶通航密度大、通航船舶吨位小，施工期和营运期需重新调整、规范船舶习惯航路，特别需要调整横越小型船舶以及高速客船的习惯航路，桥区水域的海事监管难度加大，船撞风险较大。按照交通部《通航海轮桥梁通航标准》和国际桥梁协会《船舶与桥梁的碰撞》的要求，对于船舶通航拥挤区域，不宜采用桥梁方案。

（4）伶仃航道是限制性人工航道，为隧道施工开辟的临时航道的稳定和通航条件均有不确定性。此外，临时航道的通过能力远不如原航道，施工期主航道的封航将在很大程度上影响港口效率。临时航道通航条件要比原航道差，会造成通航安全影响，并大大提高通航安全管理的难度。另外，沉管管节的浮运，需要开辟从干坞到主航道的临时航道。在浮运期间，同样也会造成通航安全管理难度的提高。沉管基槽开挖及隧道施工，需要大量岩体爆破，对通航安全造成较大影响。如有船舶误入施工区或施工船舶超出安全作业区范围，将构成船舶碰撞危险，特别是能见度不良时，若管理不善将存在较大安全隐患和风险；施工中沉管基槽开挖时，挖泥船调头和泥驳靠离调头，与接近施工区域的来往船舶有碰撞隐患，如避让行动不协调，容易引发碰撞事故；特别是某些挖泥船是锚泊定位施工，不具航行能力，应避免其他船只进入该施工水域，以免妨碍施工和造成碰撞。因此，伶仃沉管隧道在通航安全及通航能力方面问题突出，海事监管难度极大。

综合分析认为，本通道方案影响较大，方案不可行。

3. 西桥东隧方案（A3）

（1）采用改道矾石水道工程方案解决龙穴造船基地特种海洋工程设施进出珠江口的通

航问题,技术和经济均可行。

(2)由于在矾石水道和机场支航道上采用隧道方式穿越,通道建设满足了宝安机场航空限高的要求,同时隧道埋深按照长安港区规划10万吨级船舶予以预留,有效地保护了矾石水道的航道资源。

(3)矾石水道区域现状通航船舶较小,采用沉管隧道进行临时航道的开辟以及对海事监管的影响与在伶仃航道上进行隧道建设相比较,难度相对较小,技术上可行。矾石水道采用隧道方案可以避免对该水域众多航线的调整,减轻施工期和营运期海事监管难度和船舶撞击非通航孔桥的风险。

(4)伶仃航道桥采用大跨度桥梁方案,两个主塔墩位于浅水区域,远离伶仃人工主航道边缘,桥跨布置对航道内大型船舶航行安全影响较小;通航净高经论证可以满足远期进出南沙等港区大型集装箱船、散货船、豪华邮轮和航空母舰的通航要求。

综合分析认为,本方案对通航影响较小,方案可行。

4. 长隧方案(A4)

(1)长隧道方案的影响主要体现在伶仃沉管隧道施工期通航影响上,其影响同东桥西隧方案一样。

(2)由于通过珠江伶仃洋时全部采用了隧道方式,解决了其他方案面临的机场航空限高、特种海洋工程设施等诸多复杂通航问题。从对通航长远适应性来看,长隧道方案相对较优。

综合分析认为,本方案对施工期通航存在一定影响,远期对通航适应性较好,影响总体较小,方案可行。

各通道方案对通航影响综合比较见表4-14。

表4-14　各通道方案对通航影响综合比较

序号	比选条件	全桥(A1)	东桥西隧(A2)	西桥东隧(A3)	长隧方案(A4)
1	对河势变化的适应性	受大规模挖沙影响,东槽河床稳定性存在不确定性,通航孔位置难以准确确定,东侧桥梁方案不适应	受大规模挖沙影响,东槽河床稳定性存在不确定性,通航孔位置难以准确确定,东侧桥梁方案不适应	伶仃航道航槽稳定,可以较好适应河势的变化	可以较好适应河势的变化
2	对南沙港区和长安港区运输船舶通航的影响	在船舶大型化不超出预期的前提下,影响较小	在船舶大型化不超出预期的前提下,影响较小	在船舶大型化不超出预期的前提下,影响较小	伶仃航道和矾石航道隧道埋深已预留充分,影响较小
3	对海洋结构物通航影响	受桥梁净高影响,不能满足海洋结构物的进出,影响较大	通过伶仃隧道予以解决,影响较小	通过矾石隧道予以解决,影响较小	通过伶仃隧道或矾石隧道予以解决,影响最小

续表 4-14

序号	比选条件	全桥(A1)	东桥西隧(A2)	西桥东隧(A3)	长隧方案(A4)
4	对习惯航路影响	需重新调整、规范船舶习惯航路，特别需要调整横越小型船舶以及高速客船的习惯航路，航路调整较大	需重新调整、规范船舶习惯航路，特别需要调整机场支航道以及高速客船的习惯航路，航路调整较大	需重新调整、规范东西向小船航路，规范伶仃航道桥区穿越航路，调整较小	除调整东西向小船航路外，基本不会改变船舶习惯航路，尤其是小型船舶习惯航路，航路调整最小
5	施工期间对通航安全及通航环境的影响	施工船舶占用伶仃主航道时间较短，影响较小	基槽开挖、沉管浮运、下沉以及基槽回填长时间占用主航道，临时航道通航安全和通过能力差，施工期通航影响较大	施工船舶占用伶仃主航道时间较短，影响较小	基槽开挖、沉管浮运、下沉以及基槽回填长时间占用主航道，临时航道通航安全和通过能力差，通航影响较大
6	营运期间对通航安全及通航环境的影响	矾石水道由于航路复杂、船舶密度大、航道不确定，营运期对通航安全影响较大	矾石水道由于航路复杂、船舶密度大、航道不确定，营运期对通航安全影响较大	营运期间对通航安全及通航环境影响较小	长隧方案运营期间对通航安全及通航环境影响小
7	对航空安全影响	不能满足航空限高的要求	不能满足航空限高的要求	可以满足航空限高的要求	可以满足航空限高的要求
8	风险	对船舶大型化和临港工业发展适应性差；对河床长期调整和水流流态改变影响及战争等不可抗力影响存在较大风险	适应船舶大型化发展趋势和临港工业发展要求；对河床长期调整和水流流态改变影响存在一定风险	满足船舶大型化发展和临港工业发展要求；对河床长期调整和水流流态改变影响存在一定风险	对船舶大型化和临港工业发展具有较好的适应性；对河床长期调整和水流流态改变影响存在一定风险
9	对防洪水利影响	东侧桥轴线与水流斜交角度不大于 15°，不满足	东侧桥轴线与水流斜交角度不大于 15°，不满足	满足	满足
10	综合比选意见	对通航影响巨大，方案不可行	单纯从航运角度看，通航影响较小；考虑航空限高、防洪等因素，方案不可行	对通航影响较小，方案可行，推荐方案	对施工期通航存在一定影响，远期对通航适应性较好，影响总体较小，方案可行

4.1.4　通航孔布置及净空尺度论证

4.1.4.1　基于通航环境、通航需求等分析，确定通航孔的布置、数量以及控制船型

深中通道跨越的大铲航道、宝安机场支航道、矾石水道、伶仃航道、横门东水道、龙穴南水道是珠江口内广州、东莞、中山、深圳等相关港口和水运企业船舶今后进出港的主要航道，通道的建设应依据各水道影响区内的港口开发建设条件、远景规划以及各水道的船舶通航密度、资源条件、开发潜力以及潜在的功能作用等来规划各水道通航孔（隧道）的布置及数量。

1. *大铲航道*

大铲航道是深圳近岸一侧小型船舶的习惯航道。按照《广东省沿海航道规划》，大铲航道通航规模为 1 000 吨级珠江三角洲港澳线货船。为此，大铲航道的通航标准应不低于 1 000 吨级货船的通航要求。

由于深中通道东侧登陆点靠近深圳宝安机场，为了满足桥梁塔高或桥面高度不受航空限高影响，采用桥梁方案的通道路线走向需要大幅度南移，南移后的路线线型较差，大铲航道习惯航路与路线交角偏大，需要加大通航孔尺度，造成在原航道轴线上布置通航孔难度较大，从通航安全角度，考虑到大铲航道通航密度不大，采取隧道方式穿越方案。

2. *机场支航道*

机场支航道是深圳港宝安港区机场作业区航油码头以及客货运码头船舶进出的一条人工专用航道。按照《深圳港总体规划》，机场作业区规划建设规模为 2 个 5 000 吨级油码头、2 个 1 000 吨级通用泊位及 20 个 500 吨级客运码头。为此，机场支航道通航标准应不低于 5 000 吨级油船的通航要求。

与大铲航道类似，由于深中通道东侧登陆点靠近深圳宝安机场，在原航道轴线上布置通航孔难度较大，从通航安全角度，采取向西调整机场支航道轴线走向的方案更为合理，但调整后的机场支航道与水流交角较原航道进一步增大，改线后的航道回淤量会增加，船舶进出港通航水流条件愈加复杂，通道工程方案比选中应重点考虑相关问题。为改善浅水区水流条件和路线走向线型，采取隧道方式穿越方案。

3. *矾石水道*

矾石水道目前是广州港、东莞港等中小船舶、高速客船来往于深圳、香港的主要通道，也有部分吃水 10 m 以上的大型船舶通过该水道。矾石水道具有航槽稳定、潮流动力强、含沙量小、可挖性好的特点，也是 20 世纪 80 年代广州港出海航道选线的东线方案的上段，即伶仃东航道。尽管矾石水道现状通航等级不高，从矾石开挖深水航道的可行性、航道资源的稀缺性、港口航运未来发展的不确定性、保障港口可持续发展的前瞻性，以及从保障港口安全、提升抗风险能力等角度，将矾石水道按照深水航道预留意义重大。按照相关规划等级、相关港航和海事管理部门意见、航道主要服务港口规划和航道规划，本次研究经综合分析后将矾石水道按照 10 万吨级航道予以预留。

据预测，远期随着南沙港区的开发建设，伶仃航道南沙港区段航道通航压力将日趋显现，矾石水道可分流伶仃航道一部分大型船舶，鉴于未来本水道分流的影响区内主要大型船舶为 10 万吨级及以下的船舶，通航孔净宽可满足 10 万吨级船舶和 5 万吨级船舶组合双向通航为宜。矾石水道通航密度较大，目前日通过 1 400 艘次，其中小型船舶居多，桥孔内仅

布置一条双向航道难以满足通航要求,并且存在大小船相互干扰,影响主航道通过能力的问题。考虑航道桥桥塔对航空限高影响因素,可利用主通航孔两侧的边孔通航,分流主孔的小型船舶流量,为了给通航留有一定余地,边孔通航规模考虑满足万吨级船舶单向通航。

鉴于矾石水道主航道桥通航规模较大,矾石水道航道桥桥塔高度有可能不满足深圳宝安机场飞行对航空限高的要求。此外,矾石水道区域航线众多、通航密度大、通航船舶以小船为主,按照现有规范计算的通航孔尺度不能覆盖现状习惯航迹带,建桥后船舶撞击桥梁的风险较大。为此,矾石水道应考虑以隧道方式穿越方案。

4. 伶仃航道

伶仃航道是广州港和东莞虎门港的主要通海航道,目前广州港出海航道三期工程已浚深到-17.0 m,可满足10万吨级集装箱船满载和12万吨级散货船乘潮通航要求。

伶仃航道通航标准的确定主要考虑南沙港区未来的建设和发展。根据《广州港总体规划》,南沙港区未来将重点发展大型集装箱码头,兼顾发展大宗散货码头。根据本研究船舶大型化分析和船型预测分析结果,通过伶仃航道的远期集装箱船舶将以30 000 TEU为代表船型,邮轮以22.5万总吨为代表船型,散货船以30万吨级为代表船型,修造船以30万吨级油轮为代表船型。伶仃航道通航标准可采用30 000 TEU集装箱船和邮轮为代表船型,并兼顾大型舰艇(航母)、修造的运输船舶的通航需求,航道水深不低于港珠澳大桥的标准。

伶仃航道通航船型种类繁多,从内河小船至大型海轮,通航密度大,未来桥孔内仅靠一条目前已开挖的人工航道难以满足通航要求。考虑到通道区伶仃航道内船舶吨位大、通航密度高,桥区上游航道附近与龙穴南航道交叉,并与南沙散货作业区支航道连接水域相连,桥区左侧为小船防台锚地,周边航道、港区、锚地船舶进出频繁,船舶航行有交叉,因此可通航水域应尽量少设置桥墩。考虑到伶仃航道断面形态为V形结构,两侧受西滩和中滩影响,水深较浅,为了充分利用自然水深,深槽内也应尽量少设置桥墩。根据广东海事局发布的珠江口水域航行规定,伶仃航道内小型船舶在主航道两侧浮标外航行。为此,从船舶通航安全和合理利用自然水深出发,可采取单孔多航道通航方式来满足通航要求。单孔多航道通航方式将依托超大桥梁跨径的优势,在一个通航孔内布置多条航道,实现单孔分道通航的形式,也符合桥区珠江口水域现状船舶航行规定。

伶仃航道通航孔各方案布置如下:

方案一:在主航道上布置30 000 TEU集装箱船双向航道,在主航道两侧预留远期万吨级海轮上下行航道,同时在万吨级海轮航道两侧布置3 000吨级江海轮及内河驳船小船自由航行航道,实现大小海轮分道通行,内河船舶与海轮分道通航,达到提高桥区船舶通过能力的目标。

方案二和方案三:在主航道上布置30 000 TEU集装箱船双向通航航道,可兼顾20万吨级集装箱双向通航,在主航道两侧布置3 000吨级江海轮及内河驳船小船航道,实现大小船分道通行。其中方案二主航道两侧小船航道按照国际桥梁与结构工程协会(IABSE)的规定,布置自由航行(高速)航道;方案三主航道两侧小船航道按照通航海轮桥梁通航标准,布置限制性(中低速)航道。

5. 龙穴南水道

龙穴南水道是来往于顺德、香港等地的高速客船和小型船舶通行的水道。按照规划,新龙大桥以上按照3 000吨级江海轮航道规划,新龙大桥以下未来将作为南沙港区集装箱作业区和散杂作业区的内河和近海中小型船舶的疏运作业区，通航标准按照 5 000 吨级杂货船确定。

6. 横门东水道

横门东水道通航等级规模，目前相关规划和研究尚未有明确的结论，但是，随着马鞍岛广船国际船舶生产基地项目和广东广新海事重工股份有限公司等一批大型装备制造项目的落户和建设，横门东水道航道等级的提升已着手开始研究。

本次研究依据通道影响区内的港口功能定位以及水运工业发展的需求，确定以广东广新海事重工股份有限公司中山造船基地拟建造的 3 万吨级集装箱船舶为通航控制船型，同时满足进出中山港区的运输船舶的通航要求，按照《中山港总体规划》，船舶代表船型为 5 000 吨级海轮。

广新海事重工股份有限公司建造的大型船舶年通航密度较低，但是横门水道船舶通航密度大，进出港航道长度较长，为此，水道一个通航孔，采用 3 万吨级空载船舶和 5 000 吨级运输船舶双向通航（可兼顾船厂建造的 5 万吨级散货船单向通航），以满足桥区通航的顺畅。横门东水道为人工整治航道，通航孔宜按照整治航道的路线走向进行通航孔的布置。

深中通道沿线各水道方案通航孔（隧道）布置及控制船型汇总见表 4-15。

表 4-15　深中通道沿线通航孔（隧道）布置及通航控制船型汇总

通航孔名称	所在航道 （或水道）	通航吨级	说明
大铲航道通航孔	大铲航道	1 000 吨级港澳线货船	采用隧道
机场支航道通航孔	机场支航道	5 000 吨级油船	采用隧道
矾石水道通航孔	矾石水道	100 000 吨级集装箱船	采用隧道
伶仃航道通航孔	伶仃航道	300 000 吨级油船 30 000 TEU 集装箱船	单孔多航道通航
龙穴南航道通航孔	龙穴南航道	5 000 吨级杂货船	单孔双向通航孔
横门东水道通航孔	横门东水道	5 000 吨级油船 30 000 吨级集装箱	单孔双向通航孔， 兼顾 5 万单向

4.1.4.2　结合船舶大型化趋势研判和船型预测，确定通航孔通航净空高度

1. 通航净空高度确定的原则

按照《通航海轮桥梁通航标准》，大桥通航净空高度为代表船型空载水线以上至最高固定点高度与富裕高度之和，其起算面为设计最高通航水位。

2. 富裕高度及平均海平面上升量

通航海轮的桥梁的富裕高度的确定方法，一般在开敞海域，富裕高度取 4 m，在通航海轮的内河水域或有掩护的海域取 2 m。本通道工程跨越伶仃洋中部水域和珠江河网，对于外海波浪可直接侵入的伶仃洋水域，富裕高度应取 4 m，方可满足通航安全的需要；珠江河网的水道内，富裕高度取 2 m，可满足通航安全的需要。

据中国科学院地学部专家的预测，未来 50 年内，珠江口一带的平均海平面将上升 0.4～

0.6 m,因此在确定本桥通航的净空高度时有必要考虑这一因素,在富裕高度外另加 0.5 m 的高度。

3. 各通航孔净空高度

各通航孔净空高度见表 4-16。

表 4-16 各通航孔净空高度 单位:m

通航孔所在的航道		代表船型高度	富裕高度	通航孔净空高度
伶仃航道	主航道	72.0	4.5	76.5
	辅航道	39.5	4.5	44.0
	江海船航道	20	4.5	24.5
龙穴南水道		35.0	4.5	39.5
横门东水道		49	4.5	53.5

注:以上通航净空高度均以设计最高通航水位起算。

4.1.4.3 满足限制性航道和自由通航共存的大小船多线通航特点,确定桥梁方案通航净空宽度

深中通道跨越伶仃洋以及珠江河网,沿线各水道、航道均通航海轮或江海轮,并且各水道对于规划代表船型,均为人工航道。鉴于本航道通航要求较高,通航净空宽度分别按照《通航海轮桥梁通航标准》并创新性地参照国际桥梁协会的方法来计算。

对于桥梁方案通航净空宽度如采用单孔单航道、单孔双向航道通航方式主要按照交通部《通航海轮桥梁通航标准》来进行计算,即采用航道有效宽度乘以扩大系数的方法计算;对于采用单孔多航道通航方式,主要参照国际桥梁协会的方法来计算,即每个单向通航净宽按照 3.2*L* 计算。

1. 伶仃航道

鉴于伶仃航道兼具人工航道和航槽稳定两大特点,并且航道轴线长期稳定不变,与其他桥下航道水深远大于船舶吃水要求的自然开敞航道不同,本航道为人工限制性航道,航行船舶偏离航道会在边坡或浅滩上搁浅。为此,本次研究针对这一特点,考虑到伶仃航道如采用单孔多航道通航方式,桥梁跨径较大,主塔墩位于浅水区,主航道内深水大型船舶偏航失控后不会撞击到桥墩,认为通航孔内主航道、辅助航道通航宽度可按照通航海轮桥梁标准计算航道的有效宽度取值,靠近桥墩的小船航道自由航行通航净宽按照国际桥梁协会的方法来计算。采用主航道有效宽度+辅助航道有效宽度+大小船分隔带+小船航道通航净宽来控制桥梁通航净宽,即单孔多航道通航方式(或复式航道通航方式)确定的通航净宽比较合理。

根据前述的伶仃航道桥通航孔的布置方式,本次研究首先对伶仃航道桥下主航道分别对 30 000 TEU 集装箱船、20 万吨级集装箱船、30 万吨级散货船和 22.5 万总吨邮轮的双向航道通航宽度以及 30 000 TEU 集装箱船和 10 万吨级集装箱会遇航道通航宽度进行了计算,见表 4-17、表 4-18。

表 4-17　伶仃航道桥各船型主航道双向通航宽度计算

船型	总长/m	型宽/m	吃水/m	双向航宽/m
30 000TEU 集装箱船	538	65.5	17	530
20 万吨级集装箱船	399	59	16	456
30 万吨级散货船	339	58	23	464
22.5 万总吨邮轮	361	60.5	9.3	426

表 4-18　伶仃航道桥会遇船型主航道通航宽度计算

船型/DWT	总长/m	型宽/m	吃水/m	会遇航宽/m
30 000 TEU 集装箱船	538	65.5	17	456
10 万吨级集装箱船	346	45.6	14.5	

按照广州出海航道的实际经验，并结合规范要求的计算成果可以看出，航道通航宽度取 530 m 可以满足 30 000 TEU 集装箱船双向通航；取 460 m 可以满足 30 000 TEU 集装箱船和 10 万吨级集装箱船双向通航，并可兼顾 20 万吨级集装箱船和 22.5 万总吨邮轮双向通航。

本次研究对于伶仃航道桥在不同方案通航工况的净宽进行了以下分析：

方案一：采用单孔多航道通航方式。主航道 30 000 TEU 集装箱船双向航道有效宽度可取 530 m。1 万吨级油轮单向航道有效宽度 120 m。3 000 吨级江海船单向自由航行通航净宽 3.2L 为 300 m。主航道与辅助航道分隔带取 75 m。通航孔计算通航净宽为 1 520 m。

方案二：采用单孔多航道通航方式。主航道 30 000 TEU 集装箱双向通航，通航宽度取 530 m；江海轮上下行自由航行航道。通航孔计算净宽：300 m（下行江海轮）+530 m（主航道有效宽度）+300 m（上行江海轮）= 1 130 m。

方案三：单孔多航道通航方式，布置 30 000 TEU 集装箱船双向主航道以及江海轮上下行限制性航行航道。通航孔内航道构成：205 m（下行江海轮）+530 m（主航道有效宽度）+205 m（上行江海轮）= 940 m。

综合考虑豪华邮轮航行的可达性，伶仃主航道满足通航净空高度 76.5 m 的宽度范围按照以下两种方法来综合确定：

方法一：为了满足通航净空高度 76.5 m 通航宽度范围内的超大型船舶在正常航行情况下桅杆顶不能碰到梁底，经分析未来伶仃人工航道断面形态、河床边界条件以及超大型船舶安全航行最小吃水要求，在最高通航水位下超大型船舶安全航行可能偏离航道的最大距离为 70.25 m，为此，满足通航净空要求的宽度范围需不小于 530 m+2×70.25 m=670.5 m。本次研究中将满足 76.5 m 通航净空高度范围取 680 m，这样满足 76.5 m 通航净高的宽度范围左右边界已位于人工航道开挖边坡外自然浅滩上，可以防止和杜绝代表船舶桅杆顶在正常通航情况下碰到梁底。伶仃航道远期计算通航宽度与桥梁通航净宽、净高、梁底高程关系如图 4-21 所示。

方法二：根据《广州港深水航道拓宽工程可行性研究报告》以及国家发展和改革委员会关于广东省广州港深水航道拓宽工程项目建议书的批复，伶仃航道宽度为 388 m。按照《海轮航道通航标准》（JTJ 180-3—2018）中规定，桥梁的通航净空宽度为 1.8×388≈698（m）。

综合以上分析，主航道满足通航净空高度 76.5 m 的范围最终取 698 m。

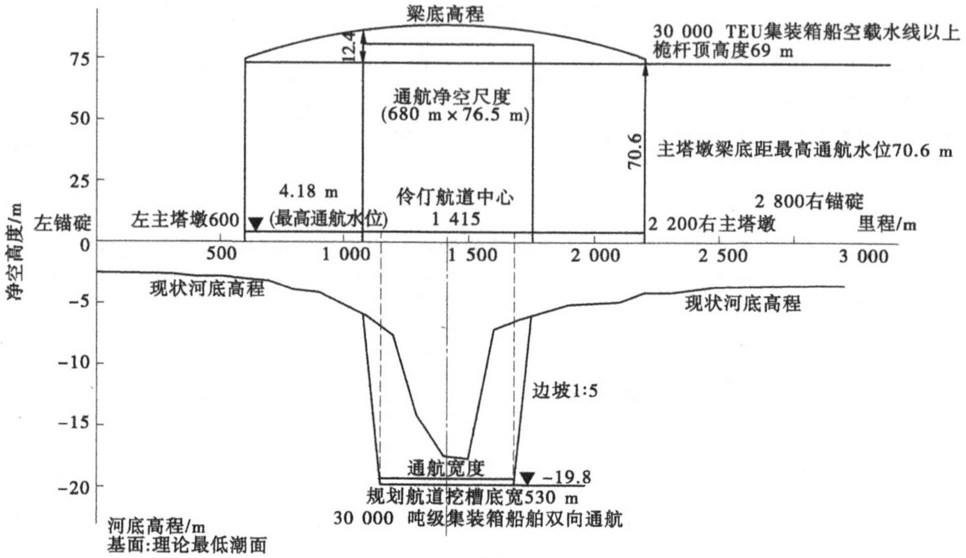

图 4-21　伶仃航道远期计算通航宽度与桥梁通航净宽、净高、梁底高程关系

2. 龙穴南水道

龙穴南水道通航孔代表船型为 5 000 吨级杂货船。

5 000 吨级杂货船在航道与桥轴线的法线有 40°的夹角情况下应适当加宽，双向通航的净空宽度经计算为 325 m。

3. 横门东水道

横门东水道通航孔代表船型为 5 000 吨级油船和 30 000 吨级集装箱船（空船）。30 000 吨级和 5 000 吨级船舶双向通航考虑到航道与桥轴线的法线有 13°的夹角适当加宽为 390 m。

综合以上通航孔净空高度和宽度的论证分析，表 4-19 给出了各通航孔净空尺度的汇总。

表 4-19　各通航孔净空尺度汇总

通航孔所在航道	通航吨级/t	净空高度/m	净空宽度/m	说明
伶仃航道	30 000 TEU	73.5	1 520	方案一：单孔多航道分道通航（满足 76.5 m 高度范围取 698 m）
	225 000 GT	76.5		
	10 000 t	44.0		
	3 000 t	24.5		
	300 000 t	73.5	1 130 或 940	方案二、方案三：单孔多航道分道通航
	225 000 GT	76.5		
	3 000 t	24.5		
龙穴南水道	5 000 t	39.5	325	伶仃水道航道桥右侧边孔双向单孔
横门东水道	30 000 t	53.5	390	双向单孔

4.1.4.4　适应自然冲刷和人工活动共同作用，确定隧道顶面埋置深度

深中通道跨越的珠江口伶仃洋水域内航道、航线、锚地众多，船舶进出港区、锚地、西部口门频繁，船舶通航密度大，通航环境较复杂。此外，石油钻进平台等海工构筑物超高净空高度要求、深圳机场航空限高对于深中通道在伶仃洋水域如采用全桥方案可能难以满足相关建设要求。为此，深中通道考虑了分别在矾石水道以东水域采用隧道方案进行比选。

本次研究对于隧道区通航安全深度（不包括隧道顶面抗浮安全覆盖层）的计算，综合考虑隧道区海底可能的最大自然冲刷深度、通过隧道水域的最大船舶的航道设计水深、航道施工超深及安全富裕深度，以及挖沙等因素的影响。

1. 自然冲刷深度

由于机场支航道、矾石水道未来人工开挖的航道深度远远超过自然条件下可能的最大冲刷深度，自然冲刷深度可以不予考虑。

2. 航道设计水深

根据对各水道进出港船舶分析和预测，未来通过大铲航道、机场支航道、矾石水道通道处的满载最大船舶分别为 1 000 吨级江海轮、5 000 吨级油轮、10 万吨级集装箱船。航道设计水深按照《海港总体设计规范》（JTS 165—2013）的规定进行计算，见表 4-20。

表 4-20　各航道设计水深汇总

隧道所在航道	通航代表船型	满载吃水/m	设计水深/m
大铲航道	1 000 吨级货船	2.8	4.0
机场支航道	5 000 吨级油船	7.0	9.1
矾石水道	10 万吨级集装箱船	14.5	17.2

3. 航道施工超深

根据本地区航道施工情况，施工超深取 0.70 m。

4. 安全富裕深度

安全富裕深度主要考虑意外事故迫使船舶在隧道区应急抛锚等危险情况下应留出的土层厚度。关于锚的入土深度，根据《海底管道设计和施工》（Blackwell Science 2005），1 000～5 000 吨级可取 1 m，1 万吨级取 1.7 m。对 10 万吨级及以上船舶，参照港珠澳大桥工程研究期间对舟山、青岛和大连引水部门的咨询意见，取 3 m。由于本通道上层为淤泥，参照国外文献和隧道设计实践，大型锚应急抛锚并拖曳情况下的入土深度大于 3 m，因此已施工的中石油深圳至香港天然气管线、港珠澳大桥等工程建设中均采用管顶块石覆盖层来防止入土锚撞击隧道管顶的措施来防护。为此，本通道工程对于伶仃隧道，管顶块石覆盖层以上土层仍取 3 m。对于矾石隧道管顶块石覆盖层以上土层在远期航道计算挖深加施工超挖的基础上，外留 2 m 土层厚度。

5. 挖沙影响

局部水域人工采沙形成的局部深坑（潭）有可能超过航道开挖深度，例如，矾石水道挖沙前通道区自然海底高程最深仅为 9.2 m 左右，目前实际海底高程已达−23.0 m（2011 年 6 月测量）。考虑到珠江口为淤积型河口湾，挖沙活动停止后，深坑（潭）会自然回淤，不会发生上游河道由于挖沙造成的河道趋势型进一步冲刷后果，因此只要工程建设前挖沙造成的

现状水深不超过隧道通航安全深度，可不予考虑；如挖沙后的水深已超过通航安全水深，可采用实际水深或采用隧道挖槽土进行回填处理，但今后要禁止在规划通道路线走向附近继续进行任何挖沙活动。表 4-21 为各隧道通航安全深度汇总。

表 4-21 各隧道通航安全深度汇总

隧道所在航道	通航代表船型	满载吃水/m	安全通航深度/m
大铲航道	1 000 吨级货船	2.8	5
机场支航道	5 000 吨级油船	7.0	11
矾石水道	10 万吨级集装箱船	14.5	20

注：安全航深在理论最低潮面以下，大铲航道为自然航道。

4.1.4.5 考虑多因素影响和多种通航要求，确定隧道区口门最小宽度

关于在宽阔水域建设桥隧组合工程，如何合理确定隧道口两人工岛之间的宽度，目前尚没有相应的规范。国外虽有这类工程的实践，但多是按实际需要进行设计的，亦未见此类标准。国内港珠澳大桥工程也是在深入调研的基础上，基于工程区的实际情况进行确定的。本次研究的深中通道区的自然条件、通航环境、防洪要求与港珠澳大桥有较大的区别，项目组基于本通道的实际情况开展了深入分析和研究后，创新性地提出了相关计算方法。

项目组主要从以下几个方面考虑与之相关的控制因素：

(1)伶仃洋及东四口门为珠江主要的排洪、泄沙通道，设置的人工岛应不影响排洪泄沙，人工岛应布置在珠江治导线外，并尽可能减小伶仃洋内人工岛数量。

(2)隧道人工岛应尽可能不影响东四口门、周边港区进出船舶的通航，同时能够兼顾小船习惯航路。

(3)隧道区的自然环境条件，包括水流的流速和流向、泥沙运移的特征和冲淤分布情况、海床演变的趋势以及工程可能引起的水环境变化。

(4)满足通过隧道区各种航道的现状和未来发展可能达到的规模、尺度和数量要求。

(5)为了保证船舶通航和隧道本身的安全所必须给出的预留量、在意外情况下可能避免或减少风险的预留量。

1. 矾石隧道

矾石水道隧道方案是深中跨江通道工程可行性研究西桥东隧方案中的东隧道，即跨珠江口内大铲航道、机场支航道、矾石水道采用隧道工程，需要在水中东西向设置两个人工岛，两岛之间的最小宽度考虑以下因素。

(1)隧道区航道情况：目前通过隧道区的航道有矾石水道、机场支航道、大铲航道。矾石水道具备开挖为大型船舶出海深水航道的条件，规划远期将作为服务虎门港以内和东莞港长安港区进港航道，同时作为广州港深水航道的备用航道，应予以考虑。机场支航道为深圳宝安机场航油码头和高速客船进出的通道。大铲航道为近岸小船习惯航道。

(2)防洪要求：珠江口内水域为重要的防洪通道，按照珠江防洪规划，人工岛等大型阻水设施应尽可能设置在珠江治导线内，为此，东人工岛宜设置在大铲航道以东的治导线内，珠江东侧防洪治导线至大铲航道的距离为 350 m。

(3)大铲航道为小船习惯航道，通航规模为 500 吨级船舶，计算双向航宽 100 m；机场支航道为 5 000 吨级油船航道，计算单向航道宽度 110 m，考虑小于隧道斜交，取 120 m。

(4)矾石航道所需的水域宽度：矾石航道未来的通航规模为10万吨级集装箱和5万吨级集装箱船组合双向通航航道，根据《海港总体设计规范》(JTS 165—2013)计算的航道底宽度为370 m。

(5)矾石航道两侧的小船航道：随着通航船舶密度的增大，主航道主要通航大型船舶，而小型船舶只能在主航道的两侧通行，因此必须在主航道的两侧预留小型船舶的单向航道。西侧小型船舶主要是万吨级及以下船舶，其单向航道宽度为120 m。

(6)大、小船航道之间的分隔带：按照天津港的经验，取80 m。

(7)内河船舶航道：内河船舶按照自由航行要求来确定，按照国际桥梁协会的要求，航道宽取3.2倍代表船型船长，按照珠江口内伶仃航区情况，选择3 000吨级江海船为代表船型，计算的单向通航净宽取300 m。

(8)人工岛头部不良水流的影响宽度：西人工岛为一东西走向、长度为700 m左右的海中建筑物，与涨落潮水流流向接近垂直，对该水域的水流会产生一定影响，其头部的水流较为紊乱。据相关成果分析，人工岛头部的紊流范围在200~300 m，会对船舶的航行造成威胁。为确保船舶的通航安全，该水域不宜通航船舶。因此，最小通航宽度应包括紊流的影响宽度各300 m。

综合以上因素，最小通航宽度应为：300+300+120+80+370+80+120+2 450+120+210+100+350=4 600(m)。

矾石水道隧道最小宽度各组成部分示意如图4-22所示。

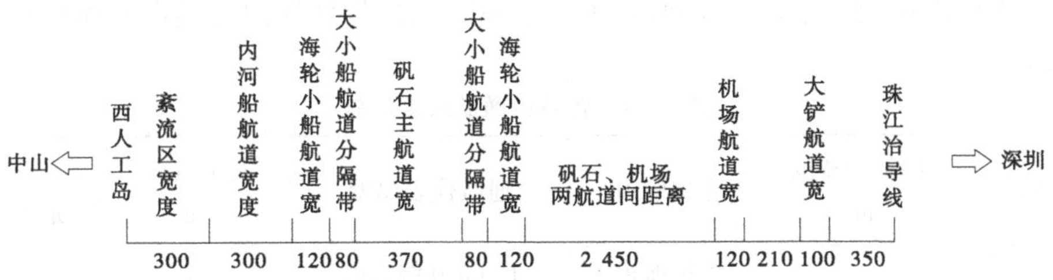

图4-22　矾石水道隧道最小宽度各组成部分示意图

2. 隧道区满足安全通航深度的宽度范围

为了保证未来各水道规划的代表船型满载能够安全通过隧道区航道，深水航道施工开挖和维护开挖期间不会对隧道设施结构的安全产生不利影响以及确定隧道纵坡转点位置的要求，需确定隧道区满足安全通航深度的宽度范围。

穿越矾石航道两条10万吨级及以上航道隧道安全通航深度的宽度范围参照港珠澳大桥工程已采用的方法，即依据隧道区各航道布置，控制该宽度的因素主要为各主航道的通航有效底宽，考虑航道施工期间可能的影响等，在各航道底宽两侧各加100 m左右的富裕宽度。

穿越伶仃和矾石航道隧道通航安全深度宽度范围取值见表4-22。

表 4-22 穿越伶仃和矾石航道隧道通航安全深度、宽度范围取值

隧道所在航道	通航代表船型	航道底宽/m	安全航深宽度/m
矾石水道	10 万吨级集装箱船和 5 万吨级集装箱船组合	370	600

本书研究的穿越万吨级以下航道隧道安全通航深度的宽度范围参照《广东省沿海航道通航标准》(DB44/T 1355—2014)要求,穿越沿海航道建筑物满足埋深要求的长度在海床或河床稳定、航道轴线基本不变的水域,应不小于航道有效宽度的 3~4 倍。伶仃洋海域海床稳定、航道轴线基本不变,因此本隧道通过大铲航道、机场支航道以及龙穴南航道等万吨级以下航道安全通航深度的宽度范围可按照规划航道的通航有效宽度的 3 倍取值,见表 4-23。

表 4-23 穿越大铲航道、机场支航道、龙穴南航道隧道通航安全深度、宽度取值

隧道所在航道	通航代表船型	航道单向通航 有效宽度/m	安全航深宽度 取值/m
大铲航道	1 000 吨级货船	100	300
机场支航道	5 000 吨级油船	110	330
龙穴南水道	5 000 吨级杂货船	190	570

注:机场支航道为单向航道,其他为双向航道。

综合隧道最小口门宽度、安全埋深的研究分析,给出伶仃洋内各隧道通航尺度的汇总,见表 4-24。

表 4-24 各隧道通航尺度汇总

隧道名称	口门最小宽度/ m	穿越航道	通航代表船型	安全航深/ m	安全航深对应 最小宽度/m
矾石水道隧道	4 600	大铲航道	1 000 吨级货船	5	300
		机场支航道	5 000 吨级油船	11	330
		矾石水道	10 万吨级集装箱船	20	600

4.1.5 通航方案对珠江河口“三滩两槽”稳定性的影响

4.1.5.1 滩槽演变分析与动力地貌体系突变响应

1. 滩槽演变特征

伶仃洋是一个潮优型的河口湾,具有潮量大、风浪小、水流弱、含沙量低等特点,潮汐类型属不规则半日混合潮型,潮流主要呈往复流状态;伶仃洋具有典型的河口三层水体结构特征,盐淡水混合区域随山潮比强弱的不同而发生调整变化,对河口湾滩槽地形的塑造和维持起控制作用。近百年来伶仃洋始终保持“三滩两槽”地貌的基本格局,这是漏斗状湾型和内伶仃岛、淇澳岛等湾内岛屿与潮流、径流、泥沙、柯氏力及盐淡水混合等河口动力长期相互作用的结果,滩槽演变趋势具有“微变性、趋稳性、可塑性”的主要特征。西槽和东槽分别作为伶仃航道和矾石水道的依托,其演变特征对深中通道通航方案的制订至关重要。

1) 西槽

西槽变化除受自然演变影响外,同时受伶仃航道整治工程的活动影响。20 世纪末开始,对航道不断的浚深和拓宽等人为因素的影响,成为西槽变化的主要因素。1976 年海图反映当时的伶仃航道水深最浅处不足-6 m,1999 年以后航道水深均已超过-10 m,这主要是由于人工挖槽、疏浚。

广州港深水航道建设起于 20 世纪 90 年代,多次进行小幅度的航道增深和加宽过程,航道水深由 1996~1997 年的-8.6 m 增加到 2007 年的-15.5 m,底宽也由 160 m 增加到 230 m,现在正在进行水深为-17 m(三期工程,10 万吨级航道)的航道基建疏浚施工。伶仃航道浚深拓宽工程的研究结果表明:随着航道的浚深,航槽内的回淤有所增大,但经过适量疏浚后,即可保证通航深度;在航道通航水深要求较浅时(2001 年,-11.5 m 水深),航道内的淤积量随季节而变化,洪水时淤积较多,枯水时淤积较少,洪季的淤积量约为枯季的 2 倍。但随着航道的进一步浚深,槽内水动力条件和回淤规律也发生了性质变化,如 2008 年航道二期工程实施后则发生非汛期(2008 年 1~4 月和 2008 年 9 月至 2009 年 1 月)淤积较重,而汛期(2008 年 4~9 月)反而淤积较轻的季节差异。

从伶仃航道多年来不断浚深且长期稳定的实践可以说明,伶仃航道不断浚深但回淤变化不大,表明该河口湾具有良好的稳定性和可塑性;伶仃航道多年没有发生过因台风或大洪水引发碍航“骤淤”的工程实践,表明风暴潮与大洪水对本海区的水下滩槽分布不会带来破坏性的影响;伶仃航道多年浮泥变化过程表明,近年来伶仃航道内潮流动力有增强的趋势;目前西槽还呈缩小的状态,但由伶仃航道上段已处于相对稳定的状态来推断,桥区附近也应已基本接近水沙相对平衡状态,未来槽宽变化会趋于平缓。

由图 4-23 可见,西槽桥位处-5 m 水深的宽度 1976~2011 年有所缩小,A3 线槽宽 1976 年为 1 440 m,2011 年为 820 m,缩窄 620 m,年均缩窄 17.7 m,当西槽缩窄到某一宽度时,即会处于稳定状态。

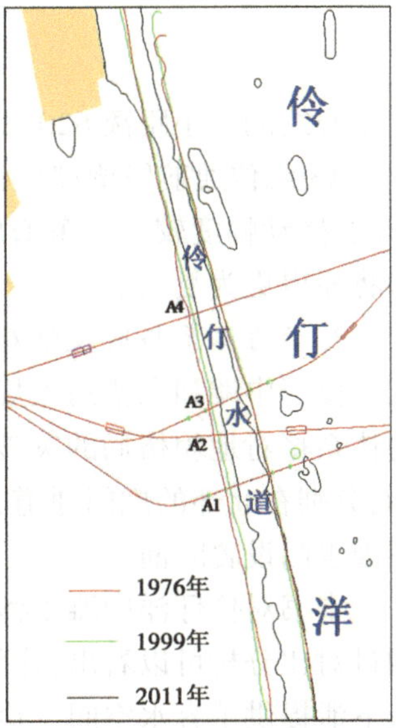

图 4-23　伶仃水道水下 5 m 等深线变化

2) 东槽

根据 1976 年以来多幅海图绘制了各年份东槽-5 m 等深线的变化(见图 4-24),桥位西侧的等深线变化较大,变幅在 300~700 m,而东侧变化较小,摆动范围多在 250 m 以内。由图 4-24 还可以发现,东槽上段(北纬 22°34′~22°38.5′)不同年份-5 m 线宽度的变化较小,通常都在 4 000~4 300 m 变动;下段(北纬 22°30′~22°34′)则变化较大,从 1976 年的 4 200 m,到 2011 年缩短为 1 200 m,30 多年时间槽宽整整减短了 3 000 m,这是中滩往东淤涨较快的结果,当然也与近年来上游大规模挖沙有关。

图 4-24 显示了矾石水道-5 m 等深线历年的变化关系,由于矾石水道水下地形变化较为平缓,-5 m 等深线宽度很大,在 2 600~5 000 m,其中东槽西侧不同年份的等深线摆动较大,最大摆动达 2 264 m,-5 m 等深线距航道中心线的最小距离 1 848.9 m,东槽东侧则非常稳定,1976 年以来,各年间的等深线变化很小,最大变化幅度仅为 172 m,-5 m 等深线距航

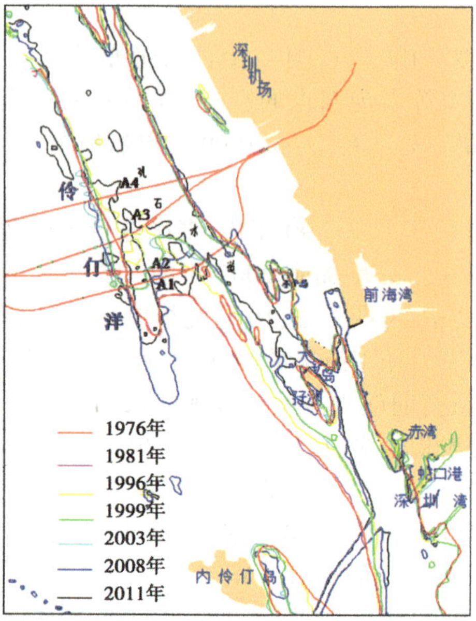

图 4-24　伶仃洋东槽水下 5 m 等深线变化

道中心线的最小距离 620.2 m。

A3 线位通航段槽型变化较小。东槽东侧地形相对比较稳定，而东槽西侧地形受采沙坑影响，摆动幅度较大。东槽形成的巨型采沙坑改变了原有的动力分布格局，水下地形演变趋势将显得更为复杂。

2. 动力体系与地貌格局突变的响应关系

位于中滩和东槽的大规模采沙坑改变了伶仃洋原有的“三滩两槽”地貌格局，原有的动力体系将对地貌格局的突变产生一定响应。根据前文所述的伶仃洋三大动力地貌体系架构，分别在北部的虎门通道，西北部的蕉门、洪奇门和横门通道以及南部的伶仃洋南口和香港汲水门设置断面。

本书对伶仃洋中滩采沙坑形成前后伶仃洋外部主要控制断面的潮量变化进行了统计，通过对比分析可以看出：伶仃洋中滩采沙坑形成后，既为潮流上溯提供了纳潮空间，也为径流下泄提供了容水空间。伶仃洋上游的虎门、蕉门和下游的湾口、汲水门断面潮量具有不同程度的增加。在洪季大潮水情条件下，虎门断面潮量增加 1.47%，蕉门断面潮量增加 1.11%，伶仃洋湾口断面潮量增加 2.46%，香港汲水门断面潮量增加 2.37%。其他水情条件下各断面的潮量变化趋势与洪季大潮基本一致。凫洲水道断面潮量变化呈增加趋势，龙穴南水道呈减小趋势，这种变化趋势与采沙坑所处的位置有关。中滩采沙坑处在虎门水道和凫洲水道下游，采沙坑对虎门和凫洲水道的动力增加更为显著。凫洲水道的过流量增加，在上游蕉门断面潮量增幅不大的情况下，必将出现龙穴南水道分流比减小的情形。洪奇门和横门水道断面的潮量呈现不同趋势的变化情况，但总体上变幅都在 1%以内。采沙坑对伶仃洋外部动力环境的影响表现为：虎门潮汐通道动力体系增加，南部和东南部的高盐陆架水动力体系会有所增加，西部的蕉门、洪奇门和横门径流动力体系略有变化，凫洲水道和龙穴南水道的分流比进一步扩大。总体来看，采沙坑形成前后伶仃洋各控制断面的潮量总体变化不大。

图 4-25 显示了洪季大潮水情条件下采沙坑引起的流速变化情况，通过对比涨、落急时刻的流速变化趋势可以看出：采沙坑水域的水深增加后，断面平均流速有所减小，流速减小幅度在 0.03～0.30 m/s；采沙坑上、下游流速有所增加，增加幅度在 0.03～0.20 m/s；虎门水道和凫洲水道水域的流速呈增加趋势，增幅在 0.10 m/s 以内，龙穴南水道流速有所减弱，减幅在 0.05 m/s 以内；蕉门水道、洪奇沥水道和横门水道水域的流速变幅相对较小，伶仃洋湾口和汲水门水道流速变化也相对较小。涨潮期间的流速变幅小于落潮，小潮期间的流速变幅也将小于大潮期间的变化情况。

根据图 4-26 显示的采沙坑形成后伶仃洋海域的平面流态可以看出：随着挖沙区水域水深的增加，垂线平均流速减小。采沙坑两侧浅滩的潮流运动向采沙坑深槽汇聚，水流归槽现象明显。中滩和东槽形成的采沙坑呈长条形，走向与矾石水道基本一致，采沙坑内潮流主流向基本与深槽一致，垂线平均流速与挖沙前有所减弱。受采沙坑对潮流运动的调整作用影响，上游下泄的落潮主流向采沙坑偏转，导致进入东槽（矾石水道）的落潮流有所加强。伶仃洋横向断面上的水动力分布格局受采沙坑影响相对较大。

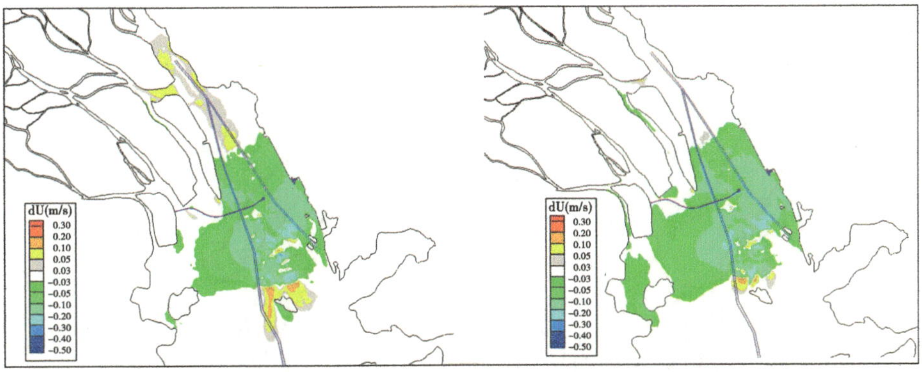

图 4-25　采沙坑引起的落、涨急时刻流速变化（洪季大潮水情）

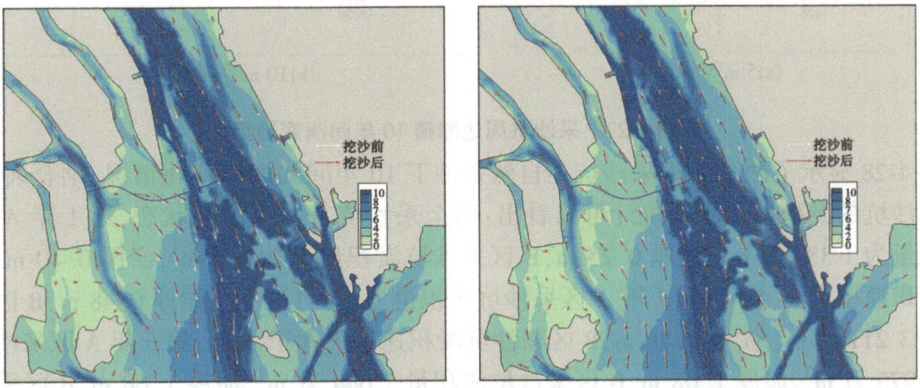

图 4-26　伶仃洋水域落、涨急时刻平面流态（洪季大潮水情，采沙坑形成后）

3. 滩槽演变趋势预测

为了分析伶仃洋大范围采沙坑的演变趋势，需要对伶仃洋滩槽的演变过程进行累积性冲淤的数值模拟。采用相同的水情控制条件，根据当年的海床冲淤模拟结果对海床地形进行调整，作为次年海床冲淤计算的初始地形，依次循环，共模拟出采沙坑及周围海床 10 年间的地形变化趋势。2016 年地形为采沙坑形成后的本底（初始条件），2017 年为采沙坑形成 1

年后的地形，依此 2026 年则为采沙坑形成 10 年后的地形。

图 4-27 显示了采沙坑及其周边海床 10 年间的演变趋势预测结果。2016 年采沙坑的 5 m 等深线已与下游连通，形成新“东槽”，但通道内仍有部分区域的水深不足 5 m；模型预测一年后，新“东槽”内的水深已全部超过 5 m；新“东槽”10 m 等深线横向范围具有逐步缩小的趋势，但在纵向上将向下游延伸。伶仃航道东侧新形成的采沙坑与原中滩采沙坑 5 m 等深线仅有不足 1 km 的距离，模型预测一年后，这两个采沙坑的 5 m 等深线将会贯通，五年后 5 m 等深线连通范围进一步扩大。数年后，东槽下段将向南分为两支，一支沿原东槽东南走向，另一支则向西南与原有西槽连通在一起，东、西两槽将呈现出相互贯通的局面。延伸后的“东槽”内水深减小，10 m 等深线范围将会逐年缩小。伶仃航道两侧 10 m 等深线基本维持稳定状态。根据长期滩槽演变模拟结果，伶仃洋原有的“三滩两槽”地貌格局将很难恢复。从采沙坑 10 年间的演变预测过程可以看出，伶仃洋海床仍呈现出“微变性、趋稳性、可塑性”的重要特征。

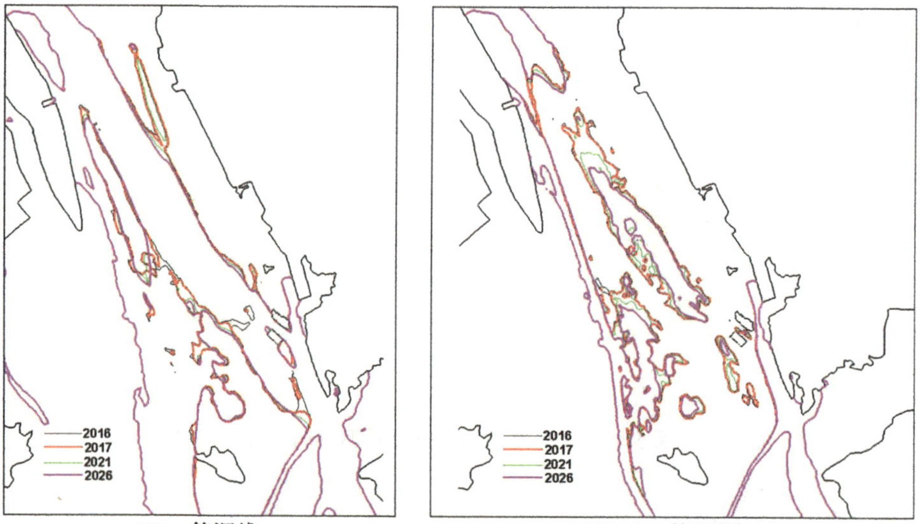

(a)5 m等深线　(b)10 m等深线

图 4-27　采沙坑周边滩槽 10 年间演变趋势

图 4-28 显示了两个大型采沙坑在自然条件下 10 年间的淤厚变化情况，结合表 4-25 对历年采沙坑的淤积量和淤厚统计可以看出：两个采沙坑普遍呈淤积状态，第 1 年 A 区采沙坑淤积量为 1 384 万 m^3，淤厚 0.25 m，B 区采沙坑淤积量 1 704 万 m^3，淤厚 0.40 m，B 区采沙坑淤积速率大于 A 区；第 2 年 A 区采沙坑淤积量为 2 641 万 m^3，淤厚 0.48 m，B 区采沙坑淤积量 3 211 万 m^3，淤厚 0.76 m，B 区采沙坑淤积速率仍大于 A 区；第 5 年 A 区采沙坑淤积量为 5 975 万 m^3，淤厚 1.08 m，B 区采沙坑淤积量 7 044 万 m^3，淤厚 1.68 m，B 区采沙坑淤积速率大于 A 区，两个采沙坑的淤积速率都有所放缓；第 10 年 A 区采沙坑淤积量为 10 644 万 m^3，淤厚 1.87 m，B 区采沙坑淤积量 12 175 万 m^3，淤厚 2.91 m，两个采沙坑的淤积速率进一步放缓。按照此速率计算两个采沙坑靠自然回填至少需 30 年时间。

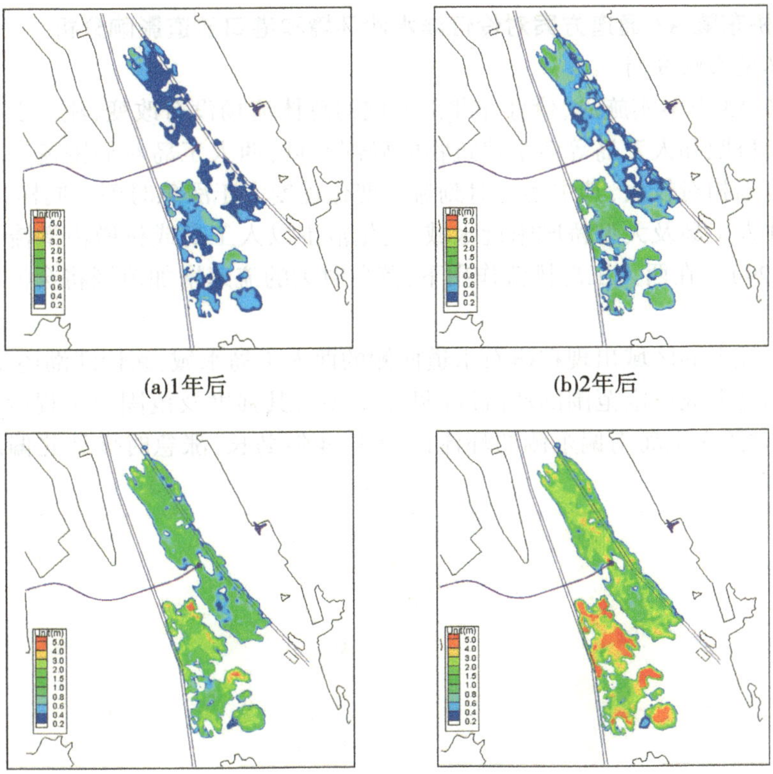

(a)1年后　(b)2年后　(c)5年后　(d)10年后

图 4-28　采沙坑淤积厚度历年变化情况

表 4-25　采沙坑历年淤积情况统计

时段	A 区采沙坑		B 区采沙坑	
	淤积量/万 m^3	淤厚/m	淤积量/万 m^3	淤厚/m
1 年	1 384	0. 25	1 704	0. 40
2 年	2 641	0. 48	3 211	0. 76
3 年	3 815	0. 70	4 583	1. 08
4 年	4 922	0. 89	5 854	1. 39
5 年	5 975	1. 08	7 044	1. 68
6 年	6 981	1. 26	8 167	1. 95
7 年	7 947	1. 42	9 234	2. 21
8 年	8 878	1. 57	10 253	2. 45
9 年	9 776	1. 73	11 231	2. 69
10 年	10 644	1. 87	12 175	2. 91

4.1.5.2　西桥东隧 A3 通道方案对伶仃洋水沙环境和港口航道影响分析

1. 水沙环境影响分析

西桥东隧 A3 方案实施后，伶仃洋北部海域的总体流场没有改变，流态变化主要发生在桥区沿线靠近桥墩和人工岛等涉水建筑物的局部水域，西人工岛对周围流态和流速的调整改变和影响范围相对较大，其中落急时刻流速变化程度大于涨急时刻。同样，流速的主要变化范围出现在人工岛及大型桥墩附近水域，变化范围以人工岛或桥墩沿潮流方向呈长条形分布（见图 4-29）。在西人工岛挑流作用下，落急时刻的流速增加范围将会波及到矾石水道的部分水域。

流态变化较大的区域出现在矾石水道西侧的西人工岛水域，无论涨潮还是落潮，在该人工岛背水面均会形成一定范围的环流区（见图 4-30），其强度及范围与工程所处的潮流强弱有关，在落急时西人工岛南偏东侧的环流区为 3～4 倍岛长，涨急时该岛北偏西侧的环流区为 2～3 倍岛长。

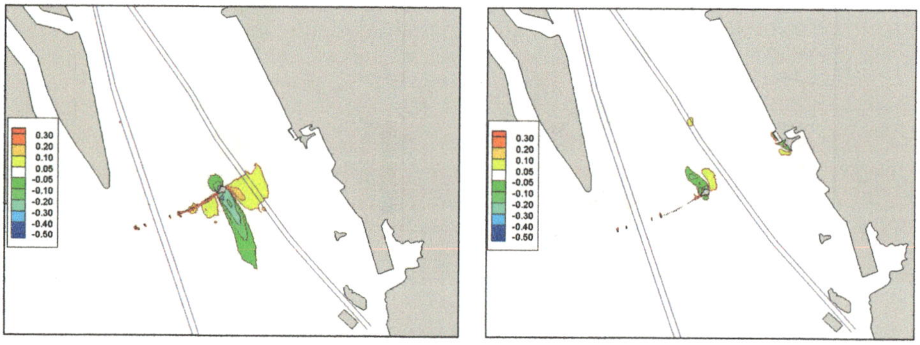

图 4-29　A3 方案落、涨急时刻流速变化范围（单位：m/s；2016 年 6 月大潮水情）

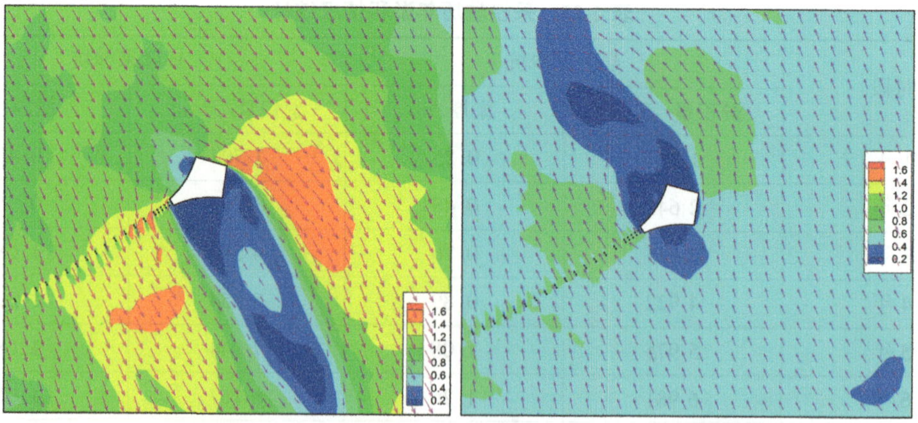

图 4-30　西人工岛（风筝形）水域落、涨急时刻平面流态（背景色表示流速大小，单位：m/s）

2. 西槽稳定性分析

西槽作为伶仃航道桥的通航孔，其稳定状态对桥跨布置和伶仃航道发展至关重要。伶仃航道通航孔桥位附近桥区段－5 m 等深线的宽度各年间呈淤积缩窄趋势，从 1976 年的 1 411 m 变化到 2008 年的 1 112 m，宽度缩窄了 300 m 左右，其中西侧从 1976 年到 2008 年，往东移了 383. 8 m，深槽最大摆幅为 417. 3 m，西侧－5 m 等深线与航道轴线的最近距离为 327. 7 m；东侧－5 m 等深线与航道轴线的最近距离为 663. 9 m；东侧（中滩一侧）在 1976～

2008 年也向东侧移动了 85 m 左右,深槽最大摆幅为 121.0 m。

2008~2011 年,-5 m 等深线有较大的变化,主要是 2011 年航道东侧-5 m 等深线在中滩一侧有较大淤积,从伶仃航道沿线来看,上下游淤积较少,说明这仅仅是局部淤积而已,在随后 2011 年 6 月的地形测量中,桥位上游地形与 1976 年的相当,桥位下游变化不大,这可能与航道拓宽疏浚、抛泥、取沙等因素有关。

当采用悬索桥桥型方案(主跨间距 1 620 m)桥梁跨越伶仃航道时,东西桥墩与各年份-5 m 等深线间的相对位置见图 4-31、图 4-32。各年份的-5 m 等深线均在两桥墩间通过,且深槽基本位于桥墩中间,有利于伶仃航道向两侧拓宽进一步发展。

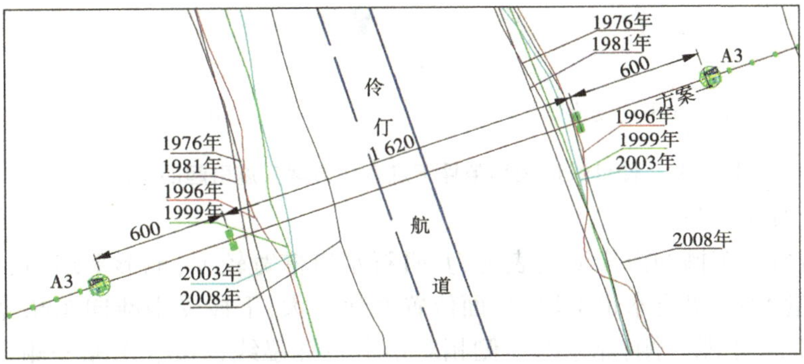

图 4-31　伶仃航道桥通航孔 1976~2008 年-5 m 等深线变化情况

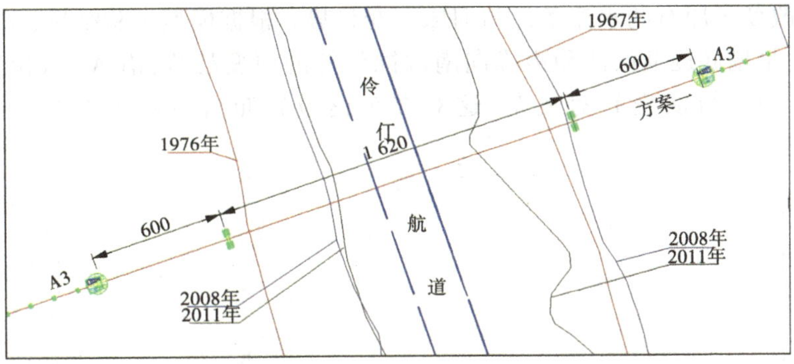

图 4-32　伶仃航道桥通航孔 2008~2011 年-5 m 等深线变化情况

桥区段西槽水下地形基本不受东槽和中滩采沙坑影响,且维持了相对长时间的稳定航槽形态,这对伶仃航道桥的桥跨布置是有利的。

采用潮流泥沙数学模型模拟了伶仃航道悬索桥和斜拉桥方案实施后的水流泥沙影响,同时考虑了伶仃航道按照规划(航宽 385 m)实施的情况,见图 4-33。模拟结果表明:伶仃航道桥方案实施后,仅在锚锭、索塔和主桥墩等涉水建筑物附近水域流态产生变化,伶仃航道的流态基本不产生变化;在两侧桥墩的束水作用下,桥位附近航段的流速呈增加趋势,斜拉桥方案对航槽流速的增加效果比悬索桥方案明显;伶仃航道两侧的主桥墩(索塔)两翼将会形成一定范围的局部冲刷坑,斜拉桥方案形成的冲刷坑范围将会波及伶仃航道的主槽和两侧边坡,随着规划航道的拓宽,主桥墩距离航槽更近,桥墩形成的冲刷坑对航槽影响更加明显;悬索桥方案形成的局部冲刷坑范围仅会波及航槽边缘线,对航槽原有的冲淤态势基本不会产生影响。采用跨度较大的悬索桥方案对伶仃航道的水沙环境影响相对要小一些。

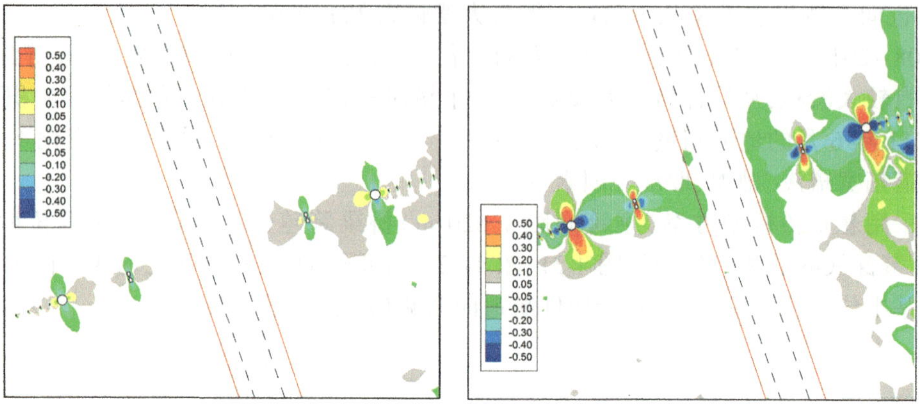

(a)平均流速变化　(b)海床冲淤变化

图 4-33　伶仃航道规划条件下悬索桥方案实施引起的水沙变化

3. 东槽的演变趋势

矾石水道所在东槽的海床演变表现为：矾石水道槽宽较大，地形平坦，长期以来虽有所淤积，但淤积量不大；矾石水道上段，平面位置变化不大，下段受中滩向东拓宽的影响，东槽宽度会相对缩小（中滩一侧；靠东滩一侧相对稳定）；深泓线也位于东滩一侧，深泓线略偏东侧。现有桥位（A1、A2 桥位）的通航孔布置在深泓线附近是比较合适的。但在东槽形成的巨型采沙坑，改变了原有的水流条件与河床演变趋势。根据模型试验结果，东槽形成的巨型采沙坑总体上呈槽底逐渐淤浅和边缘向南侵蚀延伸的演变趋势；沿 A3 线位采沙坑的宽度达到 3 km，且采沙坑演变趋势复杂，这对在东槽位置布置桥跨方案是十分不利的（见图 4-34、图 4-35）。

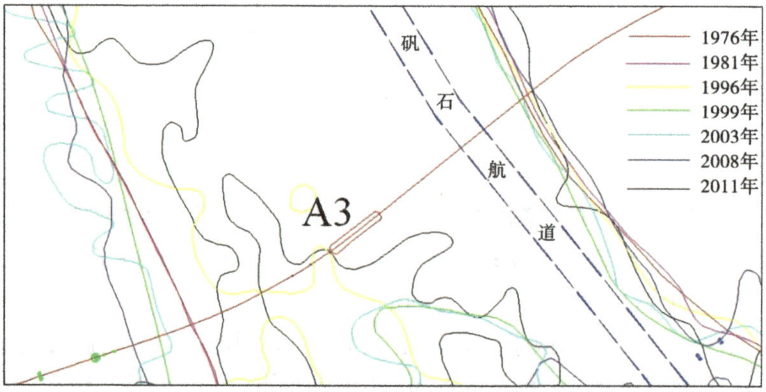

图 4-34　A3 方案矾石水道−5 m 等深线历年变化

4. 对潮位影响分析

根据潮流泥沙数学模型试验对潮位影响的统计结果（见表 4-26）来看，工程水域及附近潮位站的潮位变化大多表现为高潮位降低、低潮位抬高和潮差减小的特点，但变幅都不大；西桥东隧（A3）对潮位的影响不大。

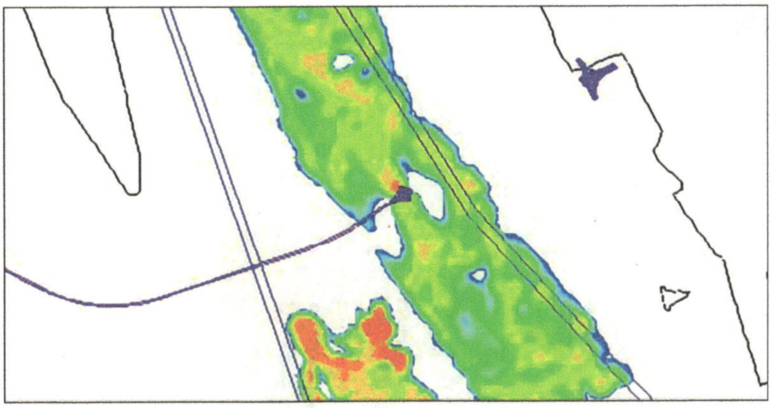

图 4-35　A3 方案采沙坑淤积分布情况

表 4-26　各潮位站工程前后潮位变化(珠基)　　单位:m

站点	高潮位		低潮位	
	无工程	A3 线位变幅	无工程	A3 线位变幅
仙屋角	1.220	0	-1.439	0
舢舨洲	1.109	-0.001	-1.436	0.001
龙穴南	1.119	0	-1.185	0.001
十九涌	1.033	-0.001	-1.211	0.001
万顷沙西	1.032	-0.001	-0.926	0.003
横门	1.031	-0.004	-0.904	0.006
横门东	1.003	0	-1.138	0.001
南沙港	1.075	-0.002	-1.389	0.002
正强码头	1.092	-0.003	-1.405	0.002
大铲码头	1.046	0	-1.396	-0.002
赤湾	0.983	0	-1.410	-0.001
金星港	0.959	0	-1.295	0
内伶仃	0.961	0	-1.346	0

5. 对流速影响分析

从通航方案实施后的流速变化范围来看(见图 4-36),非通航孔桥墩对潮流的影响最小,而采用桥隧结构形成的人工岛产生的潮流调整变化无论强度还是范围都是相对最大的;大桥沿程各主要通航孔水域包括伶仃航道、矾石水道、横门东水道以及横门水道的流速均呈不同程度的增加。

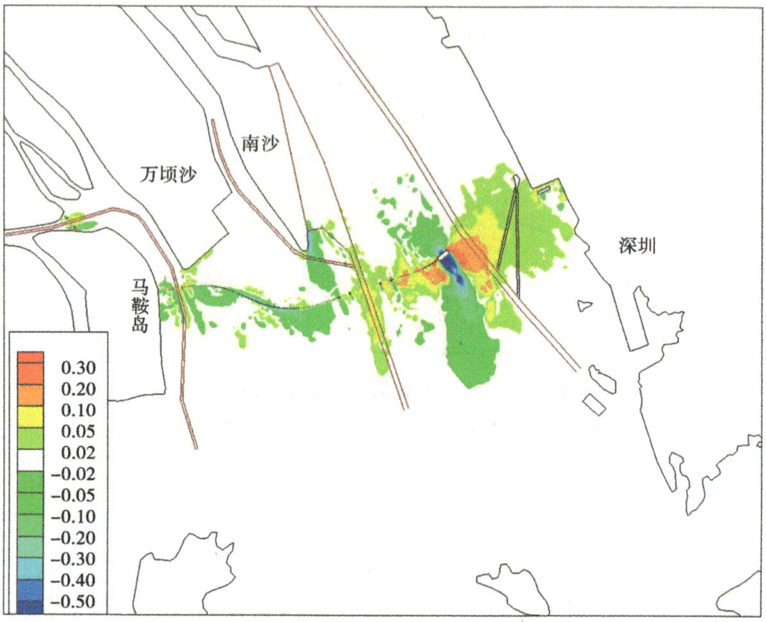

图 4-36 西桥东隧方案 A3 工程水域落急时刻流速变化 （单位：m/s）

从表 4-27 统计出的各方案实施后流速变化面积可以看出，由于计算潮型为落潮占优，故落潮过程中形成的流速变化范围要比涨潮期间大一些；西桥东隧 A3 方案流速变化范围相对较小；单从工程前后流速变化的影响程度上讲，A3 方案也较小。

表 4-27 各方案实施后流速变化面积统计 单位：km^2

方案	落急时刻			涨急时刻		
	$\Delta u \geq 0.02$ m/s	$\Delta u \geq 0.05$ m/s	$\Delta u \geq 0.10$ m/s	$\Delta u \geq 0.02$ m/s	$\Delta u \geq 0.05$ m/s	$\Delta u \geq 0.10$ m/s
A3	70.7	23.1	8.0	46.0	13.1	3.9

6. 对航道回淤影响分析

通航方案对伶仃航道和矾石水道的泥沙回淤影响范围是有限的（见图 4-37、图 4-38），仅存在于桥位交汇水域的附近航段，且又都表现为淤强减小的趋势，对矾石水道交汇段的泥沙回淤减少较为明显，该通道对伶仃航道和矾石水道的泥沙回淤无明显不利影响。

7. 对海床局部冲淤影响分析

图 4-39 显示了通航方案实施引起的工程区海床冲淤增量分布（“+”表示淤积增加或者冲刷减少，“-”表示淤积减少或者冲刷增加），通过对比可以看出：大桥工程引起的海床冲淤变化范围是有限的，主要集中在人工岛、锚锭、索塔以及主桥墩和辅桥墩附近；伶仃航道、矾石水道以及横门东航道在两侧桥墩、人工岛的束水作用下，航槽回淤呈减小趋势；涉水建筑物尤其是人工岛会在其迎水面和背水面形成南北向的淤积体，两翼则形成较为明显的局部冲刷坑。

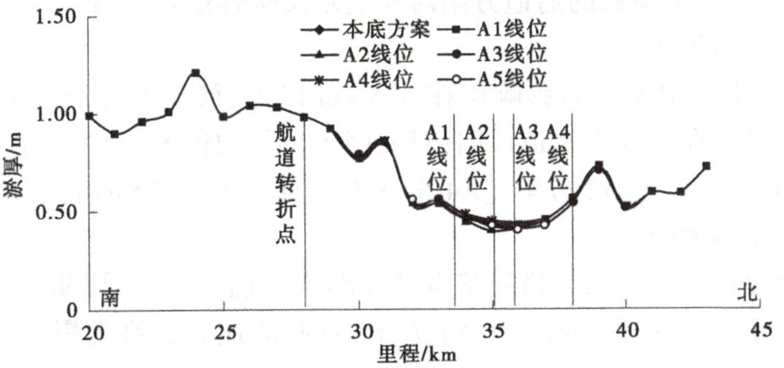

图 4-37　伶仃航道沿程回淤分布

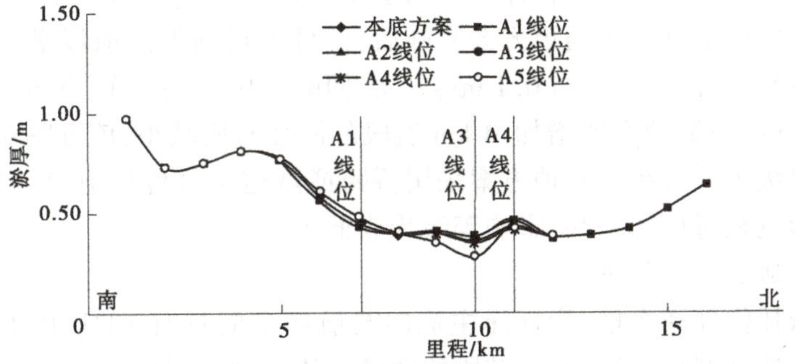

图 4-38　矾石水道沿程回淤分布

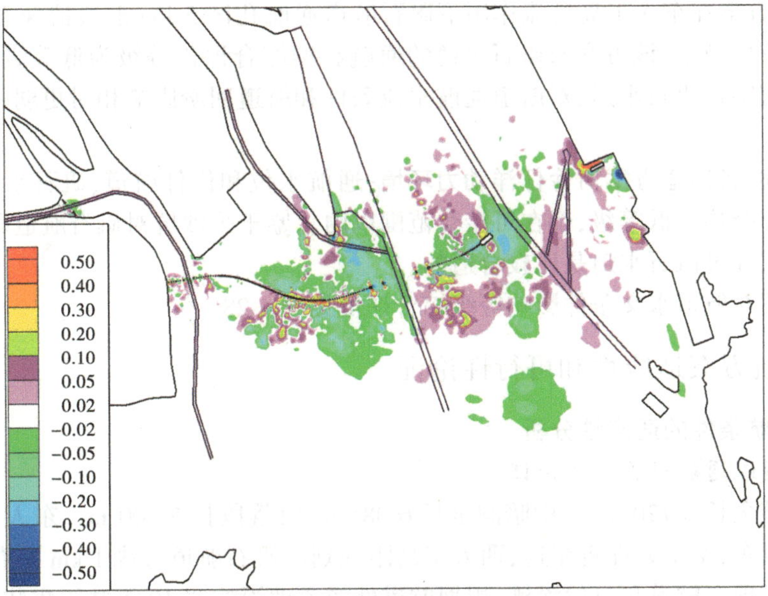

图 4-39　西桥东隧方案 A3 工程引起的海床冲淤增量分布　（单位：m/a）

4.1.5.3 基于等级评价体系的通道方案对航道水文条件综合评价

1. 通航水位影响等级

4 个通道方案对通航水位的影响均在 0.5 cm 以内，属于低等级影响级别。A2 方案西侧隧道的西人工岛处在龙穴南水道口门，对河网水位影响稍大。A3 方案对通航水位影响程度比全桥方案稍大，但小于 A2 方案。A4 全隧方案对通航水位影响的程度相对最小。

2. 伶仃洋流速影响等级

通道方案对伶仃洋整体动力格局基本没有影响，流态变化主要集中在人工岛、锚锭、索塔和桥墩等涉水建筑物附近水域。以 A3 方案为例，流速非常高等影响级别的范围约占内伶仃洋水域面积的 1%，中等影响级别的范围不超过 10%。通道方案对伶仃洋流态总体影响等级可以定为低等级。

3. 伶仃航道通航影响等级

伶仃航道本身航槽走向与伶仃洋主流向基本一致，航道沿程横流普遍在 0.1 m/s 以下，航道通航水流条件非常好。各通道方案实施后，伶仃航道通航区航段潮流主流向仍与航槽走向基本一致，最大横流均不超过 0.1 m/s。A2 西隧东桥方案在东、西人工岛约束下伶仃航道通航孔区 7 km 航段流速有所增加，4 km 航段的淤强有所减小，该方案对伶仃航道的通航影响综合评价等级为低等级。其他方案采用桥跨或隧道穿过伶仃航道，对航道通航水流条件和航道回淤影响相对更弱一些，影响等级均为低等级。

4. 矾石水道通航影响等级

矾石水道依托伶仃洋东槽，伶仃洋主流向与航槽走向具有 10°以内的夹角。矾石水道穿过伶仃洋中部的巨型采沙坑，部分航段的通航水流条件变得较为复杂，通航孔区航段的最大横流在 0.15 m/s 以内，航道通航水流条件比伶仃航道稍差一点。各通道方案实施后，矾石水道通航孔区航段潮流主流向与航槽走向仍有一定夹角，最大横流均不超过 0.15 m/s。A3 西桥东隧方案在东人工岛挑流作用下矾石航道通航孔区 5 km 航段流速有所增加，3 km 航段的淤强有所减小，该方案对矾石水道的通航影响综合评价等级为低等级。其他方案采用桥跨或隧道穿过矾石水道，对航道通航水流条件和航道回淤影响相对更弱一些，影响等级仍为低等级。

综上所述，各通道方案对伶仃洋动力环境，通航水位和伶仃航道、矾石水道的通航水文条件影响的等级均为低等级，都在可接受范围以内。鉴于采沙坑对矾石航道影响的多变性，采用隧道方式穿过矾石水道是比较合适的。

通道方案对航道水文条件影响等级综合评价见表 4-28。

4.1.6 通航方案适应性和可行性论证

4.1.6.1 通航条件的适应性分析

1. 矾石隧道通航布置方案论证

矾石隧道全长 6 720 m，其中暗洞全长 6 085 m，沉管段长 5 700 m。东人工岛位于珠江东侧治导线以东，基本处在近岸边，西人工岛距规划的矾石航道边缘 1 km 左右，隧道口门范围基本覆盖了现有航道和自然深槽，规划航道处隧道埋深按照 10 万吨级集装箱船舶满载吃水予以预留，因此矾石隧道可以满足未来船舶通航要求，对通航安全影响较小。

表 4-28　通道方案对航道水文条件影响等级综合评价

内容		A1 方案(全桥)	A2 方案(西隧东桥)	A3 方案(西桥东隧)	A4 方案(全隧)
通航水位		低(高、低潮水位变化在 0.5 cm 以内)	低(西隧的西人工岛处在龙穴南水道口门,对河网水位影响稍大)	低(变幅大于 A1 且小于 A2)	低(变幅相对最小)
伶仃洋流态		低(伶仃洋总体流场没有变化,流态变化主要集中在通航区两侧的锚锭、索塔水域)	低(伶仃洋总体流场没有变化,流态变化明显的水域出现在伶仃航道东侧的东人工岛水域)	低(伶仃洋总体流场没有变化,流态变化明显的水域出现在矾石水道西侧的西人工岛水域)	低(伶仃洋总体流场没有变化,流态变化明显的水域出现在东、西通风井水域)
伶仃航道	通航水流条件	低(主流向与航槽走向基本一致,最大横流不超过 0.10 m/s;通航孔区 2 km 航段流速增加,流向基本不变)	低(主流向与航槽走向基本平行,最大横流不超过 0.10 m/s;通航孔区 7 km 航段流速增加,流向基本不变)	低(主流向与航槽走向基本平行,最大横流不超过 0.10 m/s;通航孔区 4 km 航段流速增加,流向基本不变)	低(主流向与航槽走向基本平行,最大横流不超过 0.10 m/s;通航孔区航段流速基本不受影响)
	航槽回淤	低(通航孔区航段淤强减小 0.02 m/a)	低(通航孔区 4 km 航段淤强减小 0.03~0.05 m/a)	低(通航孔区 2 km 航段淤强减小 0.03 m/a)	低(通航孔区航段淤强基本不受影响)
矾石水道	通航水流条件	低(主流向与航槽走向具有一定夹角,最大横流不超过 0.15 m/s;通航孔区 2 km 航段流速增加,流向基本不变)	低(主流向与航槽走向具有一定夹角,最大横流不超过 0.15 m/s;通航孔区 2 km 航段流速增加,流向基本不变)	低(主流向与航槽走向具有一定夹角,最大横流不超过 0.15 m/s;通航孔区 5 km 航段流速增加,流向基本不变)	低(主流向与航槽走向具有一定夹角,最大横流不超过 0.15 m/s;通航孔区航段流速基本不受影响)
	航槽回淤	低(通航孔区 2 km 航段淤强减小 0.02~0.03 m/a)	低(通航孔区 2 km 航段淤强减小 0.02~0.04 m/a)	低(通航孔区 3 km 航段淤强减小 0.03~0.08 m/a)	低(通航孔区航段流速和淤强基本不受影响)

2. 伶仃航道桥通航布置方案论证

1) 1 620 m 悬索桥方案

伶仃航道桥桥型方案一为 600 m+1 620 m+600 m 双塔三跨吊悬索桥(见图 4-40),该桥型方案主跨 1 620 m,主承台宽度 27 m,扣除承台宽度,主通航孔净宽为 1 593 m,大于该桥位处计算的主孔单孔多航道通航净宽不小于 1 520 m 的要求;两侧辅助通航孔跨径为 600 m,扣除墩台宽度通航净宽为 560 m,西侧辅助通航孔能满足预留的龙穴南航道设计代表船型双向通航要求。

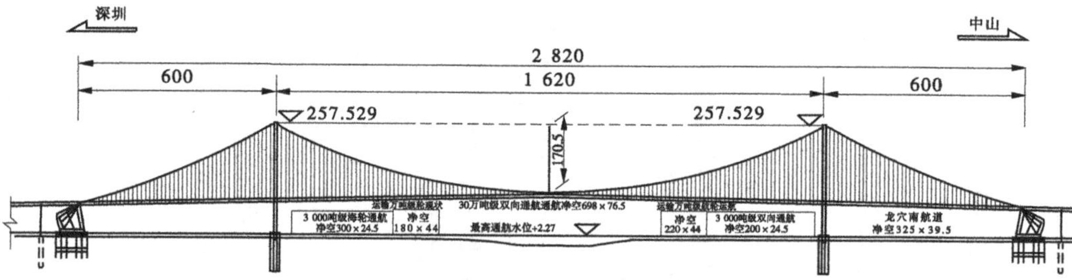

图 4-40　伶仃航道 1 620 m 悬索桥方案示意图　(单位:m)

从桥跨布置与规划航道关系来看,主通航孔处为广州港出海航道,该航道为人工疏浚航道,桥区航道顺直,通航孔中心与伶仃航道中心保持一致,主通航孔已完全跨越主航道,与主航道边缘留有较大的安全距离,桥区主通航孔通航条件较好。现状龙穴南航道从桥区上游进入伶仃航道,考虑到西滩边界条件尚未完全确定,主通航孔西侧边孔可使规划预留的龙穴南航道顺畅进入伶仃洋。主通航孔内除主航道外,还布置了小船航道,并预留了万吨级航道,其中靠近主航道的小船航道按照自由通航方式预留通航净宽,桥下通航净宽预留比较充分。

从通航孔布置来看,珠江口西槽受航道疏浚影响,断面形态呈 V 形,人工航槽多年来在疏浚维护下航槽稳定。主通航孔不仅能够覆盖人工航槽,也能完全覆盖历年 5 m 深槽,见图 4-41。

从实测 AIS 航迹线与桥跨布置关系来看,主通航孔及其右侧辅助通航孔能完全覆盖现状南北向航迹线的范围,并能适应未来主航道的拓宽,对桥区通航影响较小。

2) 1 180 m 斜拉桥方案

伶仃航道桥桥型方案二为 380 m+1 180 m+380 m 双塔斜拉桥(见图 4-42),该桥型方案主跨 1 180 m,主承台宽度 31 m,扣除承台宽度,主通航孔净宽为 1 149 m,大于该桥位处计算的主孔单孔多航道通航净宽不小于 1 120 m 的要求;两侧辅助通航孔跨径为 380 m,扣除墩台宽度通航净宽为 353 m,西侧辅助通航孔能满足预留的龙穴南航道设计代表船型双向通航要求。

从桥跨布置与规划航道关系来看,主通航孔处为广州港出海航道,该航道为人工疏浚航道,桥区航道顺直,通航孔中心与伶仃航道航道中心保持一致,主通航孔已完全跨越主航道,与主航道边缘留有一定的安全距离,桥区主通航孔通航条件较好。规划预留的龙穴南航道经调整后,可从主通航孔西侧边孔进入伶仃洋。主通航孔内除主航道外,布置了小船航道,其中靠近主航道的小船航道按照自由通航方式预留通航净宽。

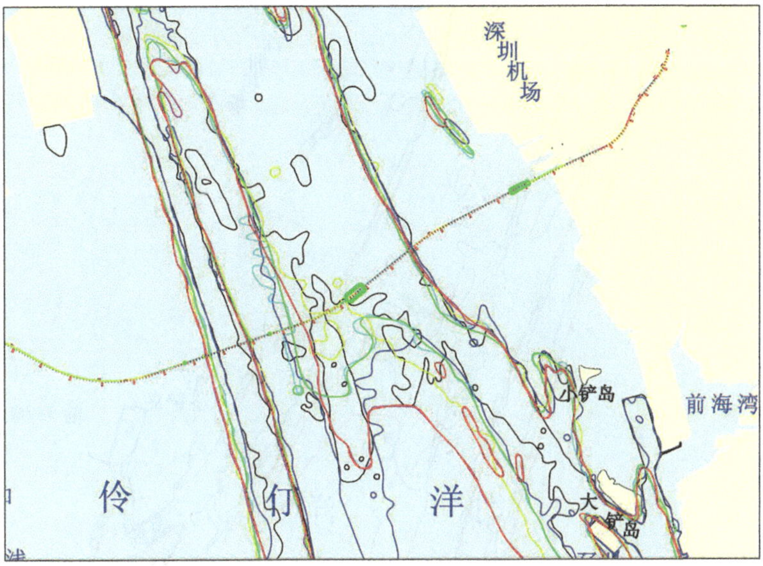

图 4-41　主跨 1 620 m 悬索桥桥跨布置与西槽-5 m 深槽关系

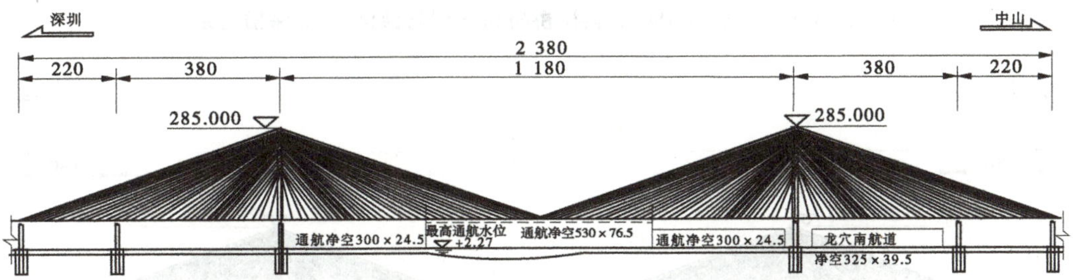

图 4-42　伶仃航道 1 180 m 斜拉桥方案示意图　（单位:m）

从通航孔布置来看,珠江口西槽受航道疏浚影响,断面形态呈 V 形,人工航槽多年来在疏浚维护下航槽稳定。主通航孔能够覆盖人工航槽,但不能完全覆盖历年 5 m 深槽,见图 4-43。

从实测 AIS 航迹线与桥跨布置关系来看,主通航孔及其右侧辅助通航孔基本能覆盖现状南北向航迹线的范围,但对未来主航道拓宽适应性差。

3)1 050 m 斜拉桥方案

伶仃航道桥桥型方案三为 350 m+1 050 m+350 m 双塔斜拉桥(见图 4-44),该桥型方案主跨 1 050 m,主承台宽度 27.4 m,扣除承台宽度,主通航孔净宽为 1 023 m,大于该桥位处计算的主孔单孔多航道通航净宽不小于 930 m 的要求;两侧辅助通航孔跨径为 350 m,扣除墩台宽度通航净宽为 328 m,西侧辅助通航孔能满足预留的龙穴南航道设计代表船型双向通航要求。

从桥跨布置与规划航道关系来看,主通航孔处为广州港出海航道,该航道为人工疏浚航道,桥区航道顺直,通航孔中心与伶仃航道航道中心保持一致,主通航孔已完全跨越主航道,与主航道边缘留有一定的安全距离,桥区主通航孔通航条件较好。规划预留的龙穴南航道经调整后,可从主通航孔西侧边孔进入伶仃洋。主通航孔内除主航道外,还布置了小船航

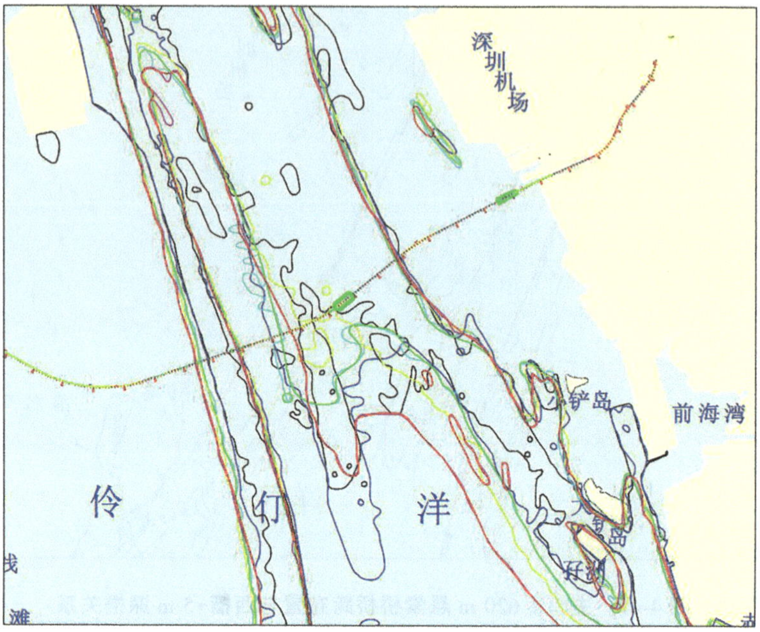

图 4-43　主跨 1 180 m 斜拉桥桥跨布置与西槽-5 m 深槽关系

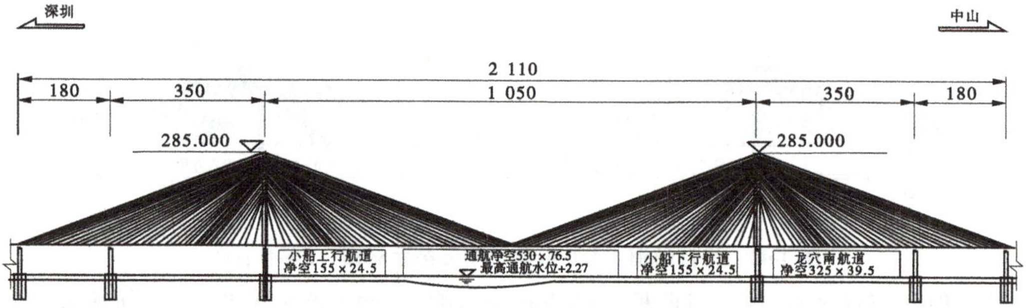

图 4-44　伶仃航道 1 050 m 斜拉桥方案示意图　(单位:m)

道,其中靠近主航道的小船航道按照限制性通航方式预留通航净宽。

从通航孔布置来看,珠江口西槽受航道疏浚影响,断面形态呈 V 形,人工航槽多年来在疏浚维护下航槽稳定。主通航孔能够覆盖人工航槽,不能完全覆盖历年 5 m 深槽,见图 4-45。

从实测 AIS 航迹线与桥跨布置关系来看,主通航孔及其西侧辅助通航孔基本能覆盖现状南北向航迹线的范围,但对未来主航道拓宽适应性差。

为了论证桥区主航道航宽设计的可行性,采用船舶模拟试验研究手段进行验证。根据《深中通道工程可行性研究船舶模拟试验研究报告》,对 20 万吨级集装箱船选取涨、落潮最大流、风速 6 级与 7 级、风向为不利的横风及航速为 12~14 节进行通航模拟试验,记录控制性工况试验成果;对 30 万吨级油船和 10 万吨级集装箱船选取涨、落潮最大流、风速 6 级与 7 级、风向为不利的横风以及油船航速为 9~10 节、集装箱船航速为 12~14 节情况进行模拟试验。模拟试验结果表明,无论是 20 万吨级集装箱船双向航道宽度,还是极端情况下 30 万吨

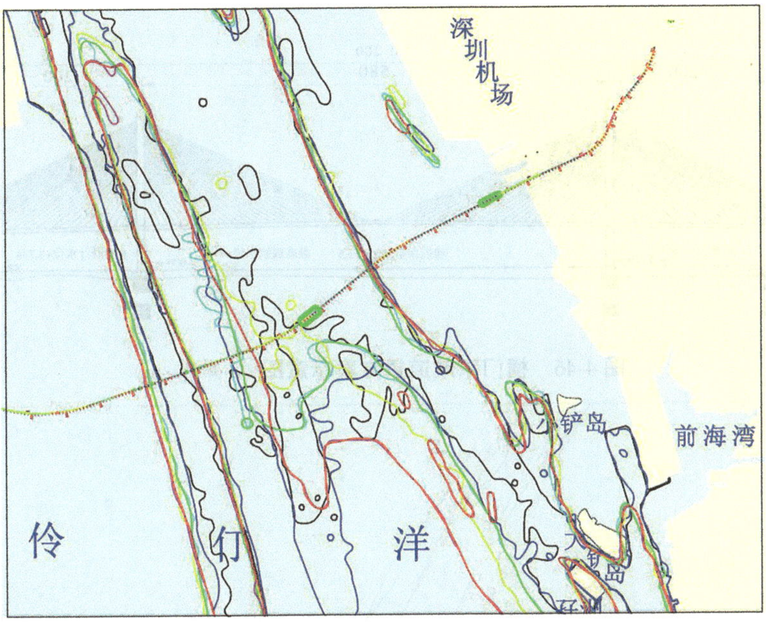

图 4-45　主跨 1 050 m 斜拉桥桥跨布置与西槽-5 m 深槽关系

级油轮和 10 万吨级集装箱船双向航道有效宽度均小于本书提出的 520 m 有效宽度要求，满足通航要求。

伶仃航道目前是广州港出海主航道，为人工航道，航道顺直，伶仃航道所在的伶仃洋西槽海床长期稳定。伶仃航道桥通航代表船型采用 30 000 TEU 集装箱船，可以满足 30 万吨级油轮和散货船、22 万吨级豪华游轮的通航要求，同时也可满足振华重工集装箱桥吊以及中国交通建设集团下属施工企业的打桩、挖泥等施工船舶的通航要求，对广州港长远发展有较好的适应性。伶仃航道桥由于采用大跨度桥梁方案，两个主塔墩位置均远离伶仃人工主航道边缘，桥跨布置对航道内大型船舶航行安全影响较小。因此，在解决龙穴造船基地海洋平台进出珠江口的措施后，采用桥梁方案是可行的。

3. 横门东航道桥通航布置方案论证

横门东航道桥主桥采用 110 m+200 m+580 m+200 m+110 m 双塔钢箱组合梁斜拉桥（见图 4-46），主桥全长 980 m。该桥型方案主跨 580 m，主承台宽度 22 m，扣除承台宽度，主通航孔净宽为 558 m，大于该桥位处计算的单孔双向通航净宽不小于 390 m 的要求。

从桥跨布置与规划航道关系来看，主通航孔处为中山港出海航道，该航道为人工维护航道，桥区航道顺直，桥区上下游航道直线段长度均超过 1 km，通航孔中心与航道中心保持一致，主通航孔已完全跨越主航道，与主航道边缘留有一定的安全距离，桥区主通航孔通航条件较好。

从通航孔布置来看，横门东水道受围垦和航道疏浚影响，断面形态向窄深 V 形发展，并趋于稳定。主通航孔能够覆盖人工航道，但不能完全覆盖历年 5 m 深槽，见图 4-47。

从实测 AIS 航迹线与桥跨布置关系来看，主通航孔基本能覆盖现状航迹线的范围。

根据《深中通道工程可行性研究船舶模拟试验研究报告》，对 3 万吨级集装箱船选取涨、落潮最大流、风速 4 级与 6 级、风向为不利的横风、航速为 6～8 节情况下船舶通过桥区

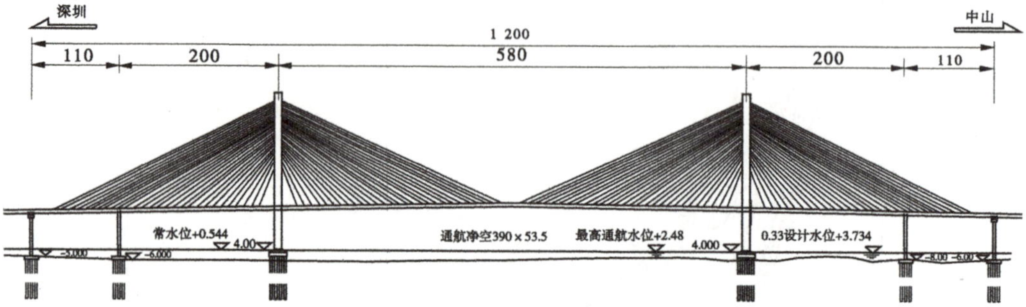

图 4-46　横门东航道桥方案示意图　（单位：m）

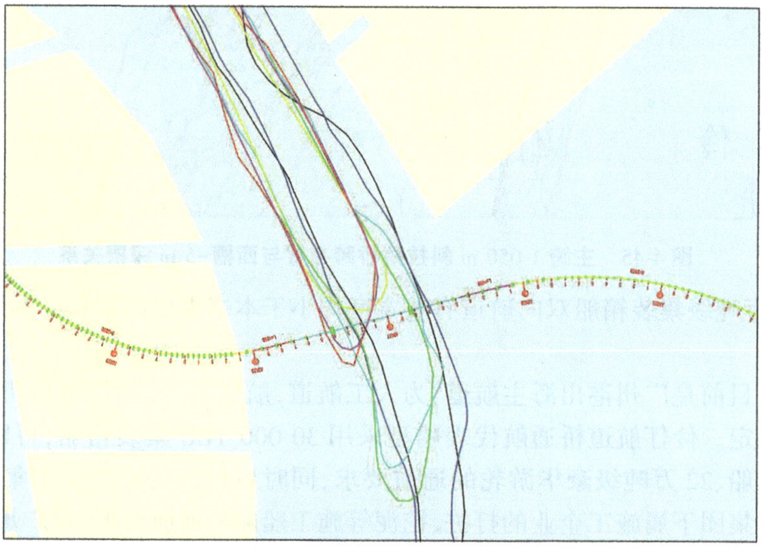

图 4-47　横门东桥桥跨布置与−5 m 深槽关系

进行模拟，记录控制性工况试验成果。对 5 000 吨级油船选取涨、落潮最大流、风速 6 级与 7 级、风向为不利的横风、航速为 8～10 节双向通过桥区进行模拟。

从试验结果可以看出，3 万吨级集装箱船舶单向航道宽度要求仅 130 m，5 000 吨级运输船舶双向通航航道宽度 160 m。经调研，广新海事重工建造的大型船舶通航密度极低，尽管大桥通航孔净空尺度按照 3 万吨级和 5 000 吨级双向通航预留，但为了保证船厂大型船舶安全通过桥区，建议对通过桥区的大型船舶实施交通管制，按照单向通航方式通过桥区。桥跨按照 580 m 建设可以满足桥区通航要求。

4.1.6.2　航道冲淤影响的分析

1. 对工程水域潮位的影响

物理试验和数学模型研究表明：工程水域及附近潮位站的潮位变化大多表现为高潮位降低、低潮位抬高和潮差减小的特点，但变幅都不大。

2. 对工程水域整体流态的影响

工程方案实施后，工程水域仍保持着“北涨南落”的往复流运动特征，流速分布呈落潮大、涨潮小以及深槽强、浅滩弱的总体分布特征。南沙港区东部顺岸式码头形成后，随着港池开挖范围和水深的增加，港池水域流速趋于平缓。横门水道落潮流出横门口后分为两股，主流顺马鞍岛东侧天然潮汐水道南流，另一股水流则由万顷沙与进口浅滩间浅槽向东汇入西槽；伶仃航道、矾石水道及横门东水道涨落潮主流向与深槽走向基本一致。

工程方案实施后，伶仃洋海域总体流场没有改变，流态变化主要发生在通道沿线靠近桥墩、人工岛、通风井等涉水建筑物的局部水域，其中矾石水道西人工岛最大，伶仃航道、横门东航道等通航区主塔、索塔、锚碇等建筑物次之，非通航桥墩附近流态变化不明显；距桥轴线5 km以远水域，工程前后涨落潮流态基本不变（见图4-48、图4-49）。

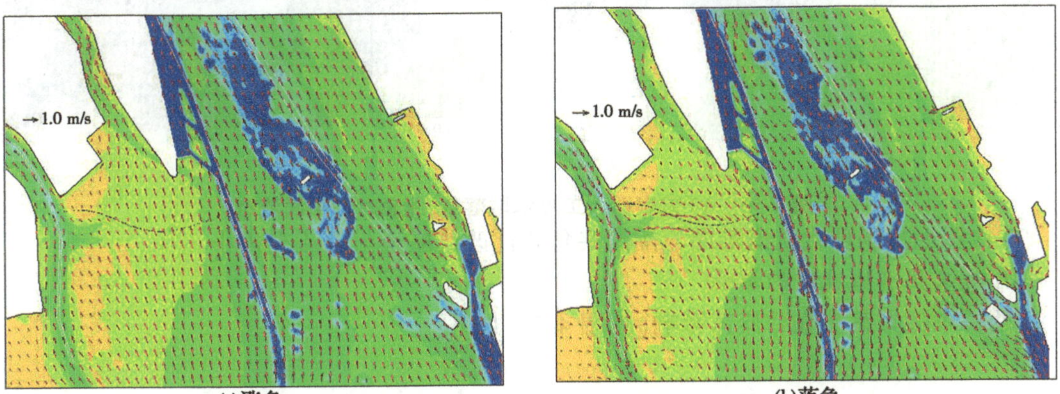

(a)涨急 (b)落急

图4-48 A3方案实施后工程水域涨急、落急时刻平面流态

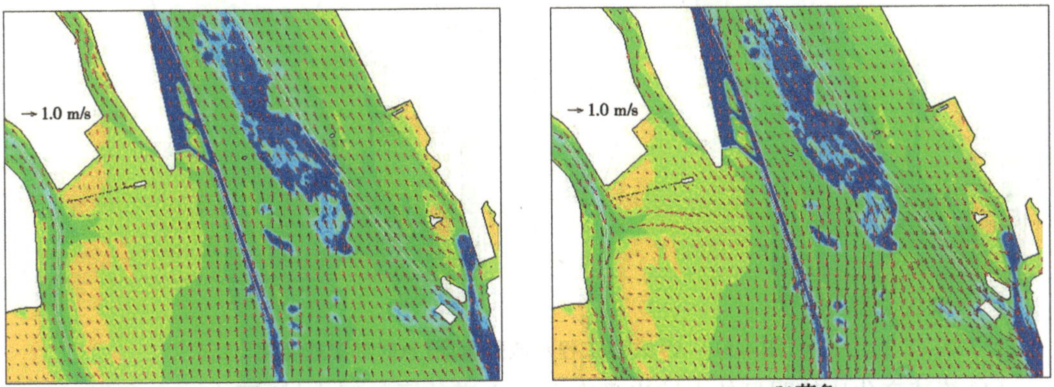

(a)涨急 (b)落急

图4-49 A4方案实施后工程水域涨急、落急时刻平面流态

3. 对工程局部水域流态的影响

西桥东隧方案实施后通道沿线桥墩及人工岛附近水域的涨急和落急时刻平面流态变化（见图4-50）如下：

(1)横门东水道通航孔段桥轴线法向与涨、落潮主流向均呈较小的偏角，其东侧部分非通航桥区段轴线与落潮流几乎平行，但流速很小。

(2)伶仃航道通航孔段桥轴线与涨、落潮主流基本垂直，通航孔两侧的索塔和锚碇对局部流态有调整影响，但影响范围比较有限。

(3)矾石水道西侧的西人工岛在其背水面形成了较大范围的环流，落急时刻人工岛南侧环流的纵向长度超过人工岛横向宽度的两倍，涨急时刻人工岛北侧的环流范围稍小一些；人工岛东侧流态变化对矾石水道影响不大。

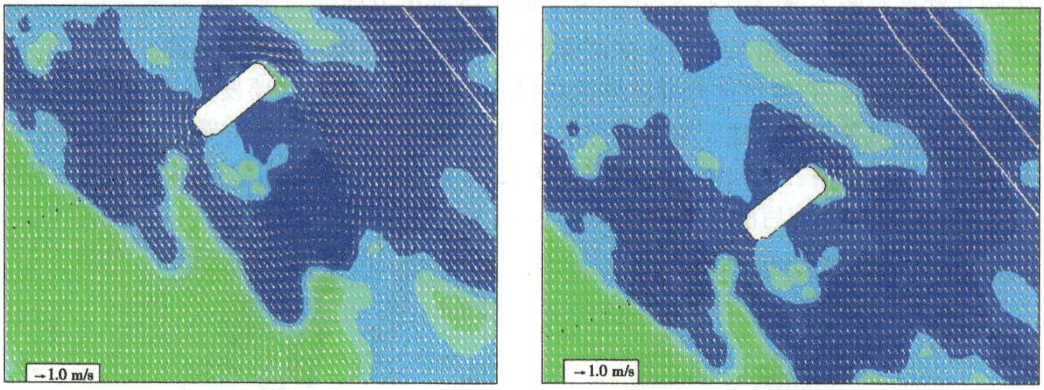

(a)　　　　(b)

图 4-50　A3 方案西人工岛水域落急、涨急时刻平面流态

（4）深圳机场现状航道走向与潮流夹角要比改线航道与潮流交角小。

4. 对工程水域流速的影响

西桥东隧方案实施后流速影响（见图 4-51）如下：

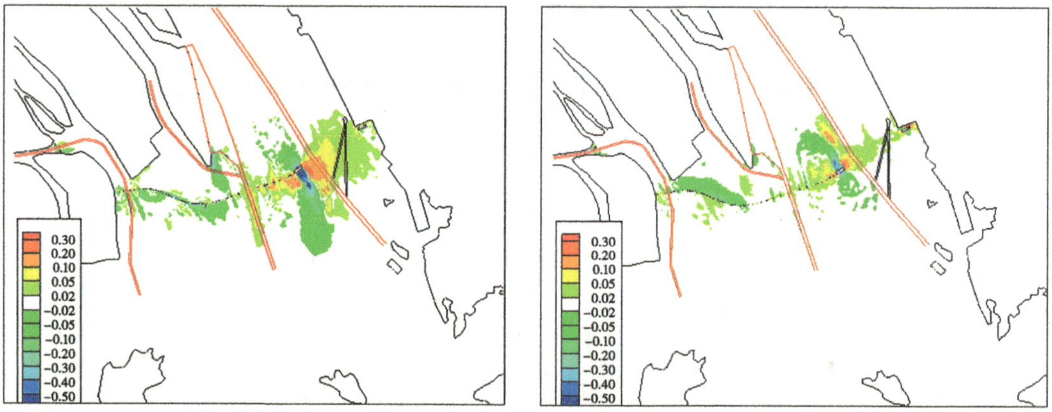

(a)　　　　(b)

图 4-51　A3 方案工程水域落急、涨急时刻流速变化

（1）流速变化比较明显的水域出现在矾石水道的通航区水域，西人工岛岛影区的流速减幅最大超过 0.8 m/s，岛东端流速增幅最大也超过了 0.4 m/s；在西岛束流作用下，矾石水道靠近桥区有 2 km 航段流速增幅超过 0.1 m/s，处在东、西两人工岛间的矾石水道通航区水域流速普遍呈增加趋势；伶仃航道通航区水域在两侧索塔和锚碇的束水作用下流速也呈增加趋势，但流速增加的范围和强度都要比矾石水道通航区小一些。

（2）龙穴南水道南沙南端至伶仃航道转折段的流速呈减小趋势，落潮期间最大流速减幅在 0.10 m/s 以内，涨潮期间流速基本不产生变化，对应的流向变化很小。

（3）横门东水道通航孔水域在两侧桥墩的束水作用下流速呈现增加趋势，流速增加区在落潮期间偏向下游、涨潮期间偏向上游，落潮期间最大流速增加幅度在 0.10 m/s 以内，涨潮期间略小一些，对应的流向变化比较小。

（4）横门水道通航孔水域在两侧桥墩的束水作用下也表现出流速增加的趋势，落潮期间流速增加区偏向东侧下游、涨潮期间偏向西侧上游，其中落潮期间最大流速增加幅度不超过 0.10 m/s，涨潮期间要小一些，而对应的流向变化比较小。

长隧方案实施后流速影响（见图 4-52）如下：

（1）流速变化比较明显的水域出现在西人工岛以及东、西通风井水域。

（2）西通风井附近流速变化比较明显，落潮期间平均流速减小 0.14 m/s。

（3）横门水道出口处流速变化范围在 0.02 m/s 以内。

（4）南沙港港池和大铲湾港池流速均未发生变化。

（5）对机场航道流速变化基本不产生影响。

（6）龙穴南水道转折段（南沙南端至伶仃航道）的航段流速呈减小趋势，落潮期间最大流速减幅在 0.10 m/s 以内，涨潮期间流速基本不产生变化，对应的流向变化很小。西人工岛和南沙围堰缩窄了龙穴南水道的出口断面，导致压缩后的局部断面流速有所增加。

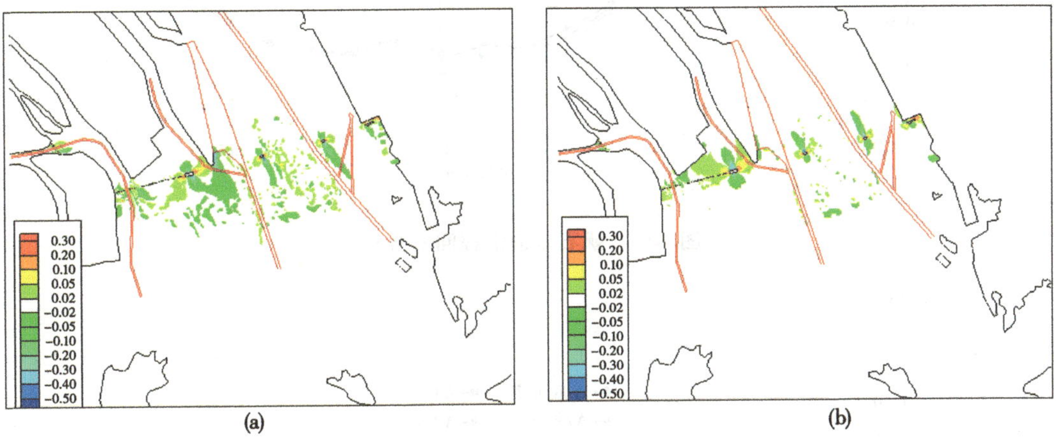

图 4-52　A4 方案工程水域落急、涨急时刻流速变化

5. 对工程水域冲淤变化的影响

1）对工程水域整体冲淤变化的影响

深中通道工程对工程水域海床冲淤演变的影响范围较有限，工程影响水域内的虎门、蕉门、龙穴南和横门等各主要水道的出口海床冲淤基本不发生变化，淇澳岛和内伶仃岛一线以南水域海床冲淤也不产生变化；海床冲淤发生变化主要集中在桥位及其附近水域。南沙港东部港池和大铲湾港池的淤强变化很小，表明通道工程对南沙港区和大铲湾港区的泥沙回淤基本不会产生影响。

2）对各航道冲淤变化的影响

（1）通道引起机场支航道流速变化都呈增加趋势，机场航道回淤出现减小的变化趋势，变幅均在 0.10 m/a 以内。

（2）矾石水道平均淤强为 0.32 m/a，通道方案实施后，仅在航道与桥位交汇水域的附近航段出现变化，淤强减小 0.08 m/a，见图 4-53。

（3）伶仃航道的平均淤强为 0.77 m/a，通道方案实施后，该段航道的平均淤强没有变化，仅在航道与桥位交汇水域的附近航段出现变化，淤强减小 0.03 m/a，见图 4-54。

（4）通道工程引起龙穴南水道转折段的航道淤积呈减小趋势，淤强减小幅度在 0.02～0.10 m/a。

（5）横门东水道和横门水道通航孔水域也表现出淤积略有减小的趋势，淤积减幅不超过0.05 m/a,两侧辅桥墩水域则出现或淤积或冲刷的趋势,但也不会对通航孔水域的水下地形变化形成直接影响。

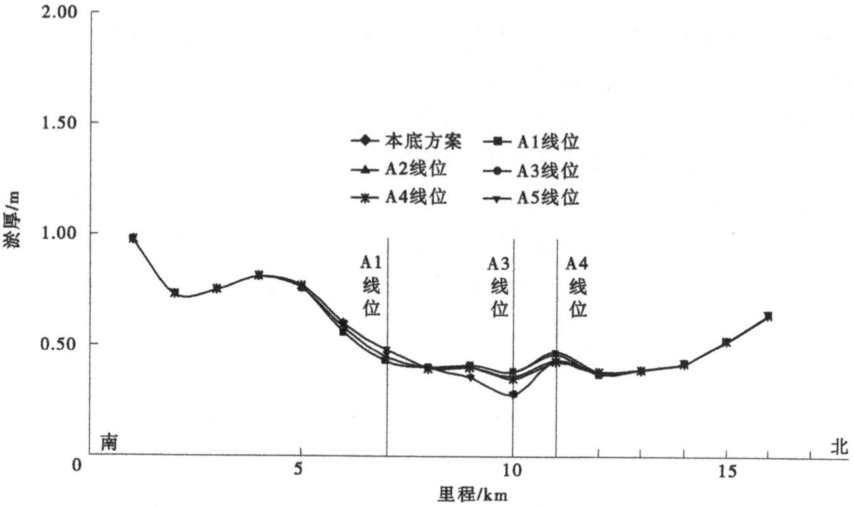

图 4-53 矾石水道沿程回淤分布

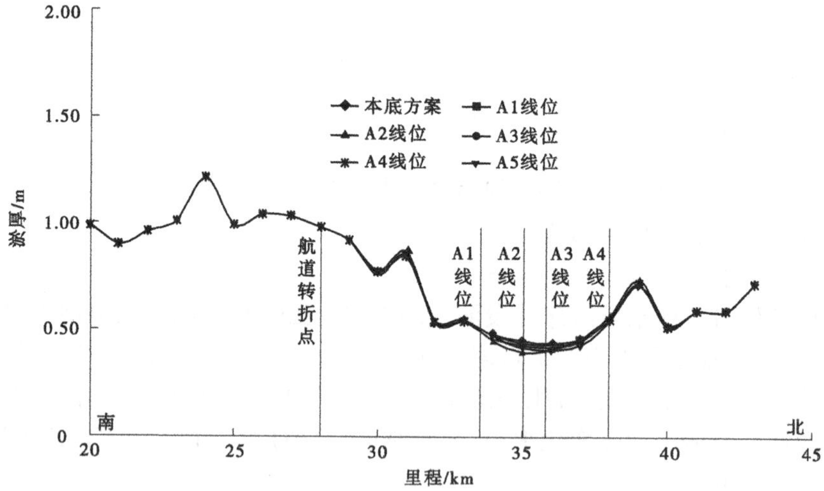

图 4-54 伶仃航道沿程回淤分布

3)对通道周边局部水域冲淤变化的影响

西桥东隧方案对周边局部水域冲淤变化的影响(见图4-55)如下:

(1)通道工程引起的海床冲淤变化范围主要集中在人工岛、锚碇、索塔以及主桥墩和辅桥墩附近;伶仃航道、矾石水道以及横门东航道在两侧桥墩、人工岛的束水作用下,航槽回淤呈减小趋势;涉水建筑物尤其是人工岛会在其迎水面和背水面形成南北向的淤积体,两翼则形成较为明显的局部冲刷坑。

(2)西人工岛处在挖沙坑内,水深较大,岛上、下游形成的淤积体并不明显,岛两侧形成的冲刷坑也不明显,人工岛周围水域的淤积主要发生在挖沙坑范围内。

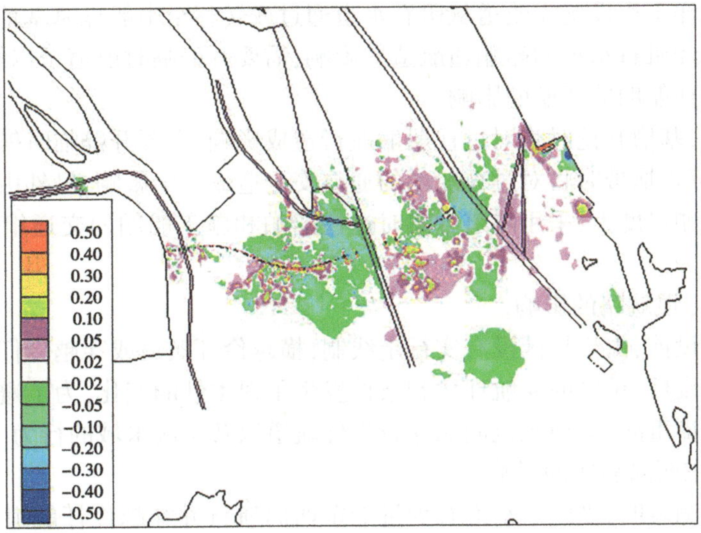

图 4-55　A3 方案工程引起的海床冲淤增量分布　（单位:m/a）

全隧方案对周边局部水域冲淤变化的影响(见图 4-56)如下:

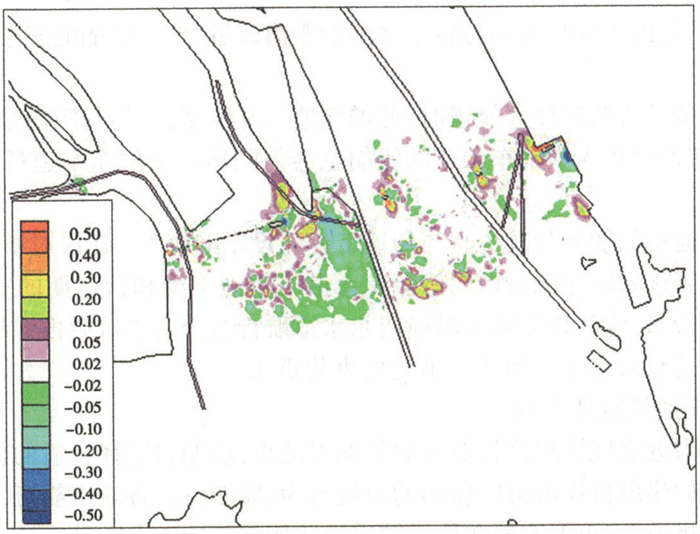

图 4-56　A4 方案工程引起的海床冲淤增量分布　（单位:m/a）

(1)东、西两通风井类似于小型的人工岛,通风井上、下游形成淤积体,两侧则形成深度不大的冲刷坑。

(2)西人工岛至南沙围堰断面局部流速有所增加;断面上、下游形成覆盖龙穴南水道的淤积体(最大淤强 0.30 m/a),对龙穴南水道的水流、泥沙回淤影响程度相对较大。

4.1.6.3　船舶通航安全影响分析

1. 通道建设对交通组织的影响分析

1)对船舶习惯航路的影响

(1)对航道船舶通航的影响。

西桥东隧方案在伶仃主航道上采用桥梁方案,现状通过伶仃航道进出中船南沙龙穴造船基地的特种海洋工程设施需改道从矾石水道通过或转移至中船珠海基地。矾石隧道段基槽开挖时将对途经矾石水道的船舶通航造成影响，需要开辟临时航道予以解决；同时应注意沉管拖带时对过往船舶的通航的影响。

长隧方案时，基槽开挖时将对过往船舶航行造成影响，需要开辟临时航道以保证过往船舶的通航，同时沉管拖带时将对过往船舶的通航安全造成一定影响，另外由于伶仃航道船舶流量大且通航船舶尺度大，采用隧道方案时过往船舶和施工船舶的交通组织和海事监管要求较高。

(2)对小船习惯航路的影响。

通道工程建设前，由于桥区没有实行定线制，横越伶仃航道或穿越伶仃洋水域航行的船舶较多。通道建设后，桥区的通航环境和条件发生了根本性的变化，为了避免船舶在桥区发生船船或船桥相撞事故，必须规范船舶穿越伶仃航道以及桥区水域的行为。

(3)对横越东西向船舶的影响。

船舶流量监测表明，横门东水道有少量沿东西向航行并穿越伶仃航道后去往深圳或往广州等方向的船舶。通道工程对该类船舶影响如下：

①通道工程施工期间，由于距通道工程很近，施工船舶将与该处船舶形成交叉会遇，施工船舶和东西向船舶之间的干扰较大。

②工程建设后，由于穿越船舶与桥梁之间的距离较近，航行船舶的安全和桥梁的安全均得不到保证。

③东西向船舶顺流跨越伶仃航道时，船舶航速不易控制，容易与刚通过桥梁的船舶发生紧迫局面，同时东西向进入横门东水道的船舶也会与刚通过横门东水道桥梁的船舶发生紧迫局面。

考虑到该处通航船舶数量较少且与通道工程建设影响较大，建议对横门东水道东西向船舶航路进行重新规划以保障东西向船舶及通道工程施工期和营运期的安全，规范横门东水道东西向船舶行为，建议该处船舶沿横门东水道航行至合适水域后再穿越伶仃航道。

2)通道工程建设对船舶交通流和通过能力的影响

(1)对船舶交通流特征影响。

①通道工程附近水域横越伶仃航道的船舶将减小，船舶将选择合适的位置横越各航道。

②通道工程的建设将规范桥区船舶的通航行为，船舶将沿各航道航行，伶仃航道和矾石水道的船舶流量将增大，小型船舶在伶仃航道的比例将有所增大。

③工程建设前大多数高速客船均选择穿越伶仃航道和矾石水道，工程建设后由于规范了高速客船的穿越行为，在伶仃航道中航行的高速客船数量将增多。

(2)对船舶交通流量影响。

本工程采用日本学者藤井博士的船舶领域模型，分析了通道工程建设对船舶交通流量的影响。根据船舶领域模型，考虑限制水域船舶短轴方向。根据相关规范及模拟试验研究可以满足双向通航要求，本工程仅考虑选取长轴方向上 8 倍船长的领域长度，建立船舶通过限制水域如隧道口门或桥梁通航孔的流量公式，设计代表船型船舶通过限制水域时船舶流量大小可按式(4-1)计算：

$$Q = \frac{24 \times 3\ 600v}{D} \times N \tag{4-1}$$

式中：Q 为船舶流量，艘次；v 为船舶航速，kn(1 kn=1 852 m/h，全书同)；N 为通航方式，N=1 时为单向通航，N=2 时为双向通航；D 为船舶领域长度，m。

各个航道桥计算的日船舶流量大小详见表 4-29～表 4-31。

表 4-29　各航速下通过伶仃航道桥的日交通流量

代表船型	船舶领域长度/m	航速/kn	双向日交通流量/艘次
20 万吨集装箱（主航道）双向	3 200	6	167
		8	222
		10	278
20 万吨散货船双向（伶仃航道）	2 496	6	214
		8	285
		10	356
30 万吨散货船（主航道）双向	2 672	6	200
		8	266
		10	333
1 万吨油轮航道双向	1 168	6	457
		8	609
		10	761
3 000 吨级江海船舶（内河船舶航道）双向	765.6	6	697
		8	929
		10	1 161

表 4-30　各航速下通过矾石水道和机场支航道日交通流量

代表船型	船舶领域长度/m	航速/kn	双向日交通流量/艘次
10 万吨集装箱双向	2 768	6	193
		8	257
		10	321
1 万吨杂货船单向	1 168	6	114
		8	152
		10	190
5 000 吨油轮单向（机场支航道）	1 000	6	267
		8	356
		10	444
高速客船双向（机场支航道）	320	6	1 667
		8	2 222
		10	2 778

表 4-31 横门东航道各航速下日交通流量

代表船型	船舶领域长度/m	航速/kn	双向日交通流量/艘次
3 万吨集装箱双向（空船）	1 928	6	138
		8	184
		10	230
5 000 吨油船双向	1 000	6	267
		8	356
		10	444

根据目前通道工程附近通航船舶数量的统计数据以及预测船舶流量，拟建通道工程已经充分考虑了通道工程建设对船舶流量的影响，通道工程的建设不管采用何种方案都能够满足目前和远期的船舶流量的通过要求。

3）通道建设对通道区水域驾驶操作的影响

东隧西桥方案在伶仃航道按照单孔多航道方式建设伶仃航道桥，桥梁建成后，将原来自由通航的水面归拢到伶仃航道桥，对船舶通过桥区水域的影响主要是对船舶通过桥区水域的通航条件存在一定的限制。

拟建工程建成后，跨江通道工程将成为永久跨河建筑物，工程竣工后对于船舶通航造成一定的影响。在能见度不良、大风等恶劣天气时对桥区水域船舶通航安全存在着较大的影响，特别是发生船撞桥事故时将造成极大的影响，因此有必要制定《深圳至中山跨江通道工程水上交通安全管理规定》及附近水域水上交通应急预案等。

船舶通过桥区水域时应：①遵照有关主管机关的相关规定，通过桥区水域前应在规定的 VHF 频道向海事主管报告；②禁止在桥区水域内追越、掉头、试航或并排航行；③在能见度较低和风力较大时应避免通过桥区水域。

2. 通道建设对水上水下有关设施的影响分析

1）对锚地的影响

拟建工程都将穿越浅水船舶防台锚地，业主单位应与有关部门协调该锚地的调整事宜。

2）对拟建或已建码头工程的影响

通道工程与横门东水道的中山港二期集装箱码头距离较近，为 220 m 左右，根据《海轮航道通航标准》（JTS 180-3—2018）和《内河通航标准》（GB 50139—2014），建筑物的距离，码头与建筑物之间上下游应保持 4 倍的设计代表船型船长。横门东航道设计代表船型为 1 万吨级，船长为 137 m，码头与桥梁之间的距离应为 548 m，不能满足船舶通航要求，中山市政府〔2011〕51 号政府工作会议纪要明确了中山港二期码头向南移或另选址建设，根据新的选址规划，中山港二期码头拟迁移至距桥位 548 m 以外，已满足规范的要求。

3）对机场航空限高的影响

通道区东端北侧有深圳宝安机场，紧挨通道登陆点，飞机起降对桥梁结构物的高度有明确的要求，通道工程方案的选择以及路线的走向要符合机场飞机起降对障碍物高度的限制要求。

4) 对防洪的影响

拟建通道工程应充分考虑对防洪的影响,通道的建设不应影响各水道的排洪和泄沙功能;在考虑设置人工岛时应尽可能布置在珠江治导线外,并减小伶仃洋内人工岛数量。

5) 对监管系统、船舶通信信号的影响分析

深中通道工程建成后采用桥梁方案时由于桥梁净空尺度较高,将阻挡雷达站的信号传输,同时由于通道工程的建设,在通道工程附近水域由于大量船舶的存在,对VTS的识别精度要求增加,通道工程建设后,为保证VTS能对该处水域更好的监管,保障过往船舶和通道工程的安全,建议就工程对监管系统和船舶通信信号的影响进行专题研究,以保证通道工程建设后系统监视范围应能覆盖系统所规定的船舶交通管理区域,保证通道工程建设后VTS系统分辨力和系统定位精度应能满足《船舶交通管理系统工程技术规范》(JTJ/T 351—1996)及船舶的通航安全。当采用东隧西桥方案时由于伶仃航道桥桥梁高度较高,对广州VTS雷达淇澳岛雷达站和大角山雷达站信号会有部分遮挡,可考虑在桥区和马鞍岛新增两个雷达站,另外由于目前广州VTS尚不能覆盖矾石水道以东水域,可考虑在深圳新增1处雷达站,具体的雷达站设置问题,建议进行专题研究;同时在施工期间鉴于本工程覆盖水域范围大,且涉及中山海事局、广州海事局、深圳海事局等海事管理机构监管,建议参照港珠澳大桥管理经验设置VTS专台以保障通道工程水域船舶通航安全。

3. 通道区水域船舶航行安全风险分析

本次研究对通航环境风险分析时,通过调研、专家咨询及参考相关文献,建立了"深圳至中山跨江通道工程水上交通安全风险评价调查表"。通过对调查表的意见反馈,本通道工程水域通航风险源识别为3大类共12项。3大类为:自然条件、水域状况、交通条件;12个风险源为:风、水流、能见度、航道弯曲度、通航净空尺度/船舶长度、桥梁轴线法向与水流夹角、碍航物、航道水深/船舶吃水、船舶流量、助航标志、VTS管理、交通法规。该12个通航风险源构成通航风险评价所选取的评价指标。建立深中通道工程水域通航环境风险评价体系结构,见图4-57。

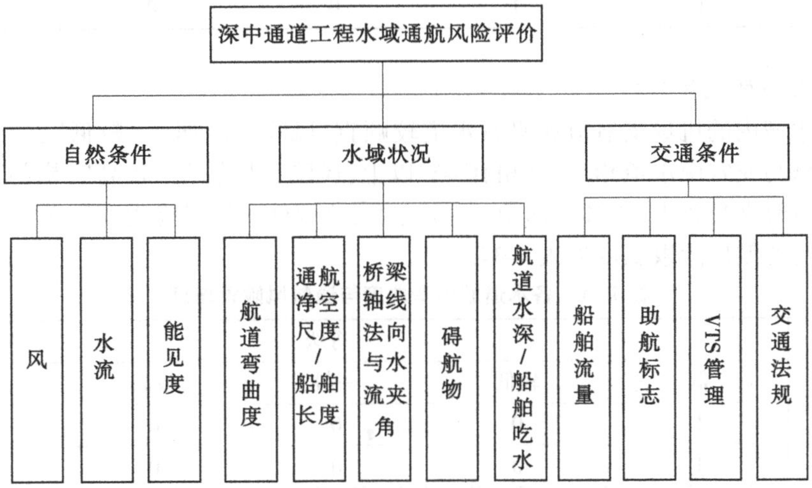

图4-57　深中通道工程水域通航环境风险评价体系

建立了各评价指标隶属度函数,将各因子的危险度分为五级,见表4-32。

表 4-32　影响因子危险度评价参照表

影响因子	低度危险	较低危险	一般危险	较高危险	高度危险
常风向风等级	3 级以下	3~5 级	5~6 级	6~8 级	9 级以上
航道横流速/(m/s)	0.25	0.25~0.75	0.75~1.25	1.25~2	2 以上
能见度<1 000 m 天数/d	15 以下	15~25	25~40	40~50	50 以上
航道弯曲角状况	15°以下	15°~30°	30°~45°	45°~60°	60°以上
通航净空宽度/最大船长	1.8 以上	1.2~1.8	1~1.2	0.8~1	0.5~0.8
桥梁轴线法向与水流夹角	0°	2°~3°	5°	7°~8°	10°以上
碍航物距离与最大船长比值	5 以上	3~5	3	2~3	1 以下
航道水深与船舶吃水比值	1.8 以上	1.3~1.8	1~1.3	0.5~1	0.5 以下
船舶交通量饱和度	0.1 以下	0.1~0.3	0.3~0.6	0.6~0.9	0.9 以上
助航标志配备	90%以上	80%	70%	60%	50%以下
VTS 管理	90%以上	80%	70%	60%	50%以下
交通法规	90%以上	80%	70%	60%	50%以下

1)自然条件因子风险分析

自然条件因子风险分析,包括风、水流、能见度,其隶属度矩阵见表 4-33。

表 4-33　自然条件与通航风险隶属度矩阵

影响因子	等级				
	低	较低	一般	较高	高
风	0	0	1	0	0
水流	0.48	0.52	0	0	0
能见度	0	1	0	0	0

2)航道弯曲度风险分析

本工程水域内的机场支航道和矾石水道较顺直,风险程度属于“较低”,伶仃航道在桥位处北向水域与龙穴南水道相交,夹角在 45°以上,风险程度属于“较高”,横门东航道转向进入横门航道时夹角较大,连续转向角达 90°左右,这两处水道风险程度属于“高”。各水道航道弯曲度与通航风险隶属度见表 4-34。

表 4-34　各水道航道弯曲度与通航风险隶属度

水道	等级				
	低	较低	一般	较高	高
机场支航道	1	0	0	0	0
矾石水道	1	0	0	0	0
伶仃航道	0	0	0.5	0.5	0
横门东航道	0	0	0	0	1

3) 通航净空宽度风险分析

通航净空尺度对本工程水域通航环境的风险评价主要从通航净空尺度与所对应通过的最大船舶长度的比值来分析。机场支航道和矾石水道采用隧道方式，通航净宽对通航影响的评价结果为"低"。对于伶仃航道桥，仅考虑主航道通航净空宽度的比值，伶仃航道通航孔设计代表船型 20 万吨级集装箱船船长为 400 m，主通航孔净空宽度设计值为 520 m，通航孔净空尺度/最大船长为 1.3，通航净宽的风险程度为"较低"。横门东水道通航孔设计代表船型 3 万吨级集装箱船船长为 241 m，通航孔净空宽度设计值为 390 m，通航孔净空尺度/最大船长为 1.6，通航净宽的风险程度为"较低"。各水道通航净空宽度与通航风险隶属度见表 4-35。

表 4-35 各水道通航净空宽度与通航风险隶属度

水道	等级				
	低	较低	一般	较高	高
机场支航道	1	0	0	0	0
矾石水道	0.12	0.88	0	0	0
伶仃航道	0	0.88	0.12	0	0
横门东航道	0	0.17	0.83	0	0

4) 桥梁轴线法向与水流夹角风险分析

机场支航道桥梁轴线法向与水流夹角大于 10°，其对通航影响的评价结果为"高"；矾石水道及伶仃航道桥梁轴线法向与水流的夹角约为 7°，风险程度为"较高"；横门东航道桥梁轴线法向与水流的夹角约为 13°，风险程度为"高"。各水道桥梁轴线法向与水流夹角及通航风险隶属度见表 4-36。

表 4-36 各水道桥梁轴线法向与水流夹角及通航风险隶属度

水道	等级				
	低	较低	一般	较高	高
机场支航道	0	0	0	0	1
矾石水道	0	0	0.8	0.2	0
伶仃航道	0	0	0.8	0.2	0
横门东航道	0	0	0	0	1

5) 碍航物风险分析

拟建工程横门东航道桥与中山港二期码头距离为 548 m，横门东水道通航孔设计代表船型 3 万吨级集装箱船船长为 241 m，通航孔净空宽度设计值为 390 m，碍航物距离/最大船长为 2.4，碍航物距离风险程度为“较高”。各水道碍航物距离与通航风险隶属度见表 4-37。

表 4-37　各水道碍航物距离与通航风险隶属度

水道	等级				
	低	较低	一般	较高	高
机场支航道	0	0	0	0	0
矾石水道	0	0	0	0	1
伶仃航道	1	0	0	0	0
横门东航道	0	0	0.6	0.4	0

6) 航道水深风险分析

根据设计方案，拟建通道工程机场支航道水深与通航船舶水深的比值为 1.3，航道水深风险程度为“较低”；矾石水道的水深与通航船舶水深的比值为 1.19，航道水深风险程度为“一般”；伶仃航道的水深与通航船舶水深的比值为 1.12，航道水深风险程度为“一般”；横门东航道按照目前航道水深条件进行评价为“较低”。各航道水深与通航风险隶属度见表 4-38。

表 4-38　各航道水深与通航风险隶属度

水道	等级				
	低	较低	一般	较高	高
机场支航道	0	0.54	0.46	0	0
矾石水道	0	0.3	0.7	0	0
伶仃航道	0	0.067	0.933	0	0
横门东航道	0	0.5	0.5	0	0

7) 船舶流量风险分析

根据《深圳至中山通道工程可行性研究阶段船舶交通实态调查研究》的研究成果，拟建通道工程水域矾石水道以东水域船舶流量约为 35 艘次/d；矾石水道船舶流量约为 103 艘次/d；矾石水道—伶仃航道船舶流量约为 15 艘次/d；伶仃航道船舶流量约为 280 艘次/d；龙穴南水道船舶流量约为 18 艘次/d；横门东水道船舶流量约为 411 艘次/d；机场支航道船舶流量约为 35 艘次/d。考虑通道工程建设后矾石水道船舶流量归拢入矾石水道，矾石水道—伶仃航道船舶流量归拢到伶仃航道，结合通道工程建设后船舶流量的大小，另外结合实态调查各水道的平均船舶长度，以此来确定各水道大致船舶交通流量。船舶流量与通航流量风险隶属度见表 4-39。

8) 助航标志风险分析

拟建通道主体工程水域机场支航道、矾石水道、伶仃航道、龙穴南水道、横门东航道导助航设施均配备良好，能够满足目前船舶安全通过各水道的通航要求，且通道工程建设后会对桥区水域助航标志进行重新配布，其风险程度为“低”。

表 4-39　船舶流量与通航流量风险隶属度

水道	等级				
	低	较低	一般	较高	高
机场支航道	0.263	0.737	0	0	0
矾石水道	0	0.8	0.2	0	0
伶仃航道	0	0.63	0.37	0	0
横门东航道	0	0.33	0.67	0	0

9）VTS 管理

VTS 管理在提高航行安全和效率以及保护海洋环境、临近区域、施工现场和近海设施免受水上交通产生的负面影响中起到了重要的作用。根据调研情况，珠江口东岸、西岸共建有 22 个雷达站和 5 个 VTS 中心，该系统已覆盖了珠江口中部大部分水域，VTS 实行监控，巡航船随时响应 VTS 要求开展现场执法。因此，本工程通道水域 VTS 的管理比较完善，其风险程度为“低”。

10）交通法规

交通法规是否完善以及其执行情况也是风险管理环节中重要的一环。珠江口水域目前已经建立较完善的交通法规，主要有《珠江口水域船舶定线制》《珠江口水域船舶航行指南》和《珠江口水域船舶报告制》。广东海事局 2008 年出台了《广东海事局桥区水域通航安全管理规定》，为桥区水域通航安全提供了保障，完善了桥区水域的管理制度。综合分析，本工程水域交通法规风险程度为“低”。

利用模糊层次分析法对各航道桥通航风险进行评价。

因素集 U 和评价集 V 之间的模糊关系可用评价矩阵表示：

$$\boldsymbol{R} = \begin{bmatrix} r_{11} & r_{12} & \cdots & r_{1m} \\ r_{21} & r_{22} & \cdots & r_{2m} \\ \cdots & \cdots & \cdots & \cdots \\ r_{n1} & r_{n2} & \cdots & r_{nm} \end{bmatrix}$$

当因素权重集 W 和评价矩阵 $\boldsymbol{R}$ 已知时，按照模糊矩阵的乘法运算，便得到模糊综合评价集 B，即

$$\boldsymbol{B} = W \circ R$$

$$= (w_1, w_2, \cdots w_n) \circ \begin{bmatrix} r_{11} & r_{12} & \cdots & r_{1m} \\ r_{21} & r_{22} & \cdots & r_{2m} \\ \cdots & \cdots & \cdots & \cdots \\ r_{n1} & r_{n2} & \cdots & r_{nm} \end{bmatrix} = (b_1, b_2, \cdots, b_m)$$

其中：$b_j = \sum_{i=1}^{n} w_j \times r_{ij}$，称为模糊综合评判指标，$(j=1,2,3,\cdots,m)$。

求出评价指标 b_j 后，把以 b_j 为权重，对评价集元素 v_j 进行加权平均得到的值作为评价结果，即

$$v = \frac{\sum_{j=1}^{5} b_j \times v_j}{\sum_{j=1}^{5} b_j} \tag{4-2}$$

根据上述计算公式计算的伶仃航道桥风险值为 2.347 8；横门东航道桥风险值为 2.916 5；横门水道桥风险值为 2.379 4。

根据表 4-40 的评价结果，除横门东航道桥风险值为一般风险外，其他航道桥均为较低风险。

表 4-40　评价结果与危险程度的对应关系

v 的取值	$0 \leqslant v < 1.5$	$1.5 \leqslant v < 2.5$	$2.5 \leqslant v < 3.5$	$3.5 \leqslant v < 4.5$	$\geqslant 4.5$
危险程度	低危险	较低危险	一般危险	较高危险	高危险

根据风险评价结果，深圳至中山通道工程各航道桥的风险值均较低，通过采取必要的通航安全保障措施后，其方案基本可行。风险缓解具体措施如下：

（1）横门东航道桥由于设计代表船型达 3 万 t，且桥梁轴线法向与水流的夹角较大，该设计代表船型自航通航时风险较大，但该船型为广新海事重工拟建造的大型船舶，通航密度极低，该设计代表船型可采用拖轮协助方式通过桥区进入船厂。

（2）伶仃航道为广州港进港航道，是目前大型船舶进出广州港、虎门港、南沙港区等港区的唯一通道，船舶通航尺度较大，应加强海事监管措施及应急力量。

4.1.6.4　航道和通航保障方案的可行性分析

1. 基于可靠性分析方法的桥墩防撞研究

防撞船型确定的方法目前大多采用 AASHTO 规范方法，共有 3 种方法：方法Ⅰ是一种半确定的分析方法，目的是为确定船舶撞击载荷提供一种简单的、保守的方法；方法Ⅱ是一种可靠性的分析方法，通过估算桥梁的倒塌概率，来确定防撞船型及船舶撞击力；方法Ⅲ是一种确定设计船舶的成本高效益分析方法，由于成本过高或不合理，某些情况下无法满足风险接受准则。因此，在确定防撞船型时，一般采用方法Ⅱ。

方法Ⅱ的分析结合船舶可达性分析、风险分析概率模型、桥区的通航船舶流量、航道特征等大量的数据，在可接受风险准则的控制下，确定桥墩的防撞船型和撞击载荷。

根据 AASHTO 规范规定，桥梁的可接受年倒塌概率应大于航道内分布的桥墩和桥跨单元数量，若航道很宽，则大于返航和出航同行路径每侧 3 倍船长范围内分布的桥墩和桥跨单元数量。每个桥墩或桥跨单元对应的防撞船型可以进行选择，令船舶撞击导致的大于或等于设计船舶的年倒塌概率小于可接受风险标准。

船撞分析流程如图 4-58 所示。

1）桥墩、人工岛、通风井等建筑物船舶可达性分析

（1）伶仃航道桥通航船舶可达性分析。

伶仃航道船舶可达性风险分析见表 4-41。

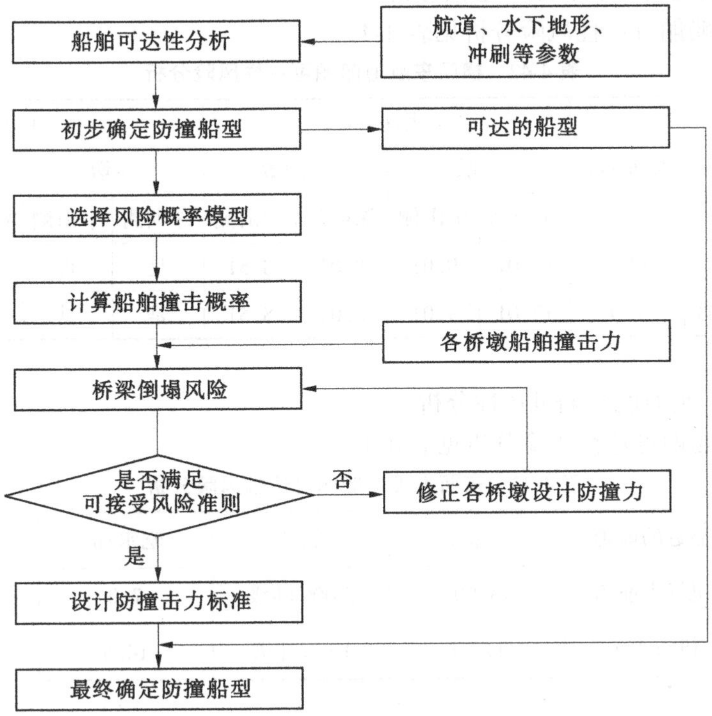

图 4-58　防撞船型确定流程

表 4-41　伶仃航道船舶可达性风险分析

伶仃航道	吃水/m		水深/m				可达性			
			主墩		其他桥墩		主墩		其他桥墩	
	首	尾	LZ1	LZ2	深圳侧 1.5 km 范围	中山侧 1.5 km 范围	LZ1	LZ2	深圳侧	中山侧
30 万吨级	7.90	12.30	10.01	8.51	9.31~10.01	6.01~7.61	否	否	否	否
20 万吨级	6.66	10.16	10.01	8.51	9.31~10.01	6.01~7.61	冲滩可达	否	否	否
15 万吨级	7.10	9.30	10.01	8.51	9.31~10.01	6.01~7.61	是	否	是	否
10 万吨级	7.04	8.19	10.01	8.51	9.31~10.01	6.01~7.61	是	是	是	否
5 万吨级	4.80	7.90	10.01	8.51	9.31~10.01	6.01~7.61	是	是	是	冲滩可达
2 万吨级	4.10	6.70	10.01	8.51	9.31~10.01	6.01~7.61	是	是	是	部分可达
1 万吨级	4.20	5.60	10.01	8.51	9.31~10.01	6.01~7.61	是	是	是	是
5 000 吨级满载	6.6	7.4	10.01	8.51	9.31~10.01	6.01~7.61	是	是	是	是
3 000 吨级满载	4.50	6.00	10.01	8.51	9.31~10.01	6.01~7.61	是	是	是	是

(2)横门东航道桥通航船舶可达性分析。

横门东航道船舶可达性风险分析见表 4-42。

表 4-42　横门东航道船舶可达性风险分析

横门东航道	吃水/m	水深/m				可达性			
		主墩		辅助墩		主墩		辅助墩	
		深圳侧	中山侧	深圳侧	中山侧	深圳侧	中山侧	深圳侧	中山侧
3 万吨集装箱船	12.0	12.01	9.01	8.01	8.51	是	否	否	否
5 000 吨液体散货船	7.0	12.01	9.01	8.01	8.51	是	是	是	是

(3)人工岛岛头通航船舶可达性分析。

东西人工岛船舶可达性风险分析见表 4-43。

表 4-43　东西人工岛船舶可达性风险分析

A3 方案人工岛	靠近的航道	水深/m	船型	吃水/m	可达性
东人工岛岛头	机场支航道	8.00	5 000 吨级	7.0	是
西人工岛岛头	矾石水道	17.01	10 万吨级	14.5	是

2)桥墩、人工岛防撞船型及撞击力标准的确定

(1)伶仃航道桥通航孔桥墩防撞船型的确定。

①主墩。

伶仃航道桥主墩布置如图 4-59、图 4-60 所示。

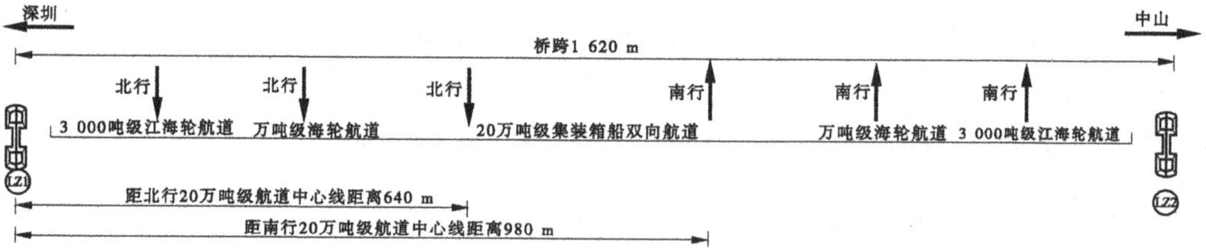

图 4-59　主墩距航道中心线距离示意图

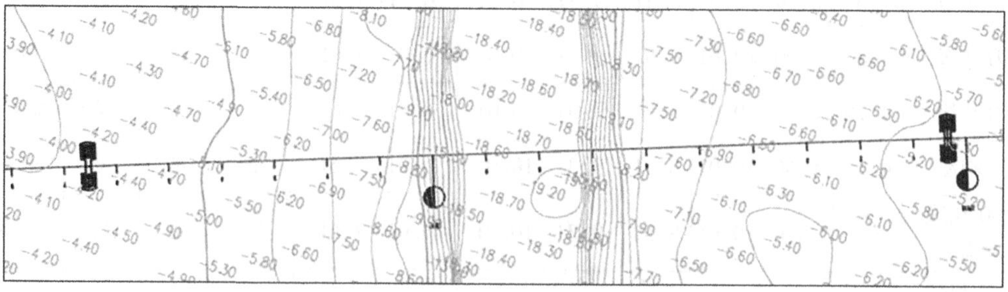

图 4-60　主墩航道中心线附近水下地形图

主墩距航道中心线距离为 640 m(北行船舶)和 980 m(南行船舶),该距离小于航道通航船舶 3 倍代表船型船长(30 万吨级散货船总长 339 m,30 000 TEU 集装箱船总长 538 m),主墩处水下地形标高为-6.0 m,最高通航水位+3.01 m,考虑冲刷因素,取平均冲刷为 1.0 m,则最高通航水位下,桥墩处水深约为+10.01 m。30 万吨级船舶压载状态下艏吃水 7.90 m,艉吃水 12.3 m,因此桥位处的水深无法满足 30 万吨级船舶的吃水要求,结合桥区整体冲刷情况,主墩上下游远端河床为微淤状态,水深相对较小,因此理论上认为,即使 30 万吨级船舶搁浅,也难以到达主墩;20 万吨级船舶压载状态艏吃水 6.66 m,艉吃水 10.16 m,桥位处的水深满足 20 万吨级船舶压载状态吃水要求,理论上认为船舶可以撞击主墩,结合桥区河床冲刷情况,20 万吨级船舶撞击主墩的情况为高水位时压载搁浅后撞击。

根据航道的各种船型通航船舶流量、船舶撞击风险模型,可以得出主墩的船舶撞击风险,结合船舶撞击力值(由动力数值模拟法、有限元法、规范公式法等得出),可以得到主墩的倒塌风险值,即倒塌概率。

3 倍代表船型船长以内其他通航孔桥墩倒塌风险分析方法同上,将所有桥墩的倒塌风险求和,可以得到全桥的倒塌风险。

根据可接受的风险准则,微调各桥墩的船舶设计防撞力,将全桥倒塌风险控制在可接受风险范围内,同时给出各主墩的设计防撞力标准值,并结合船舶撞击力,给出防撞控制工况。

经概率模型分析计算:伶仃航道主墩设防船型定为 5 万吨级满载船舶,并利用 20 万吨级压载船舶进行校核。

②锚碇。

锚碇防撞船型的确定方法同上,见表 4-44。

表 4-44　伶仃航道桥锚碇防撞船型

桥墩	水深/m		X/m		最大可达船舶	防撞船型
	高水位	低水位	北行	南行		
深圳侧	9.31	6.30	1 256	1 596	15 万吨级	5 万吨级压载(控制) 15 万吨级压载(校核)
中山侧	7.61	4.30	1 596	1 256	5 万吨级压载	

(2)非通航孔桥墩防撞船型的确定。

3 倍代表船型船长以外的桥墩,主要为非通航孔桥墩。按照 AASHTO 规范,船舶撞击风险分析中,3 倍代表船型船长以外的桥墩可以不予考虑,即仅考虑 3 倍代表船型船长范围内的桥墩。但是实际航道中的桥墩,只要水深满足吃水要求,理论上就存在船舶撞击的可能。因此,对于非通航孔桥墩,船舶撞击风险概率按照均布风险计算,船舶撞击速度按照漂流速度。

非通航孔桥墩设防标准为:桥墩处水深大于 3.0 m 的非通航孔桥墩,按 1 000 吨级船舶吃水 2.8 m、漂流速度 1.37 m/s 设防,设防力为 6.0 MN;桥墩处水深小于 3.0 m 的非通航孔桥墩,按 500 吨级船舶、漂流速度 1.37 m/s 设防,设防力为 2.7 MN。

(3)人工岛防撞船型的确定。

①东人工岛岛头防撞船型的确定。

机场支航道通航船舶等级为 5 000 吨级，东人工岛岛头距机场支航道约 1 500 m，大于 3 倍代表船型船长(3×125 m)。考虑到平均冲刷，岛头附近高水位时水深约 9. 31 m，满足 5 000 吨级船舶的吃水要求(7. 0 m)，根据 AASHTO 规范，可按漂流速度设防。由于东人工岛岛头位于规划中的大铲湾物流园区内，且与宝安机场作业区相接(见图 4-61)，存在机场作业区的工程船舶失控撞击的风险，因此设防标准应酌情提高，可按照 5 000 吨级船舶 1. 50 m/s 的撞击速度设防。

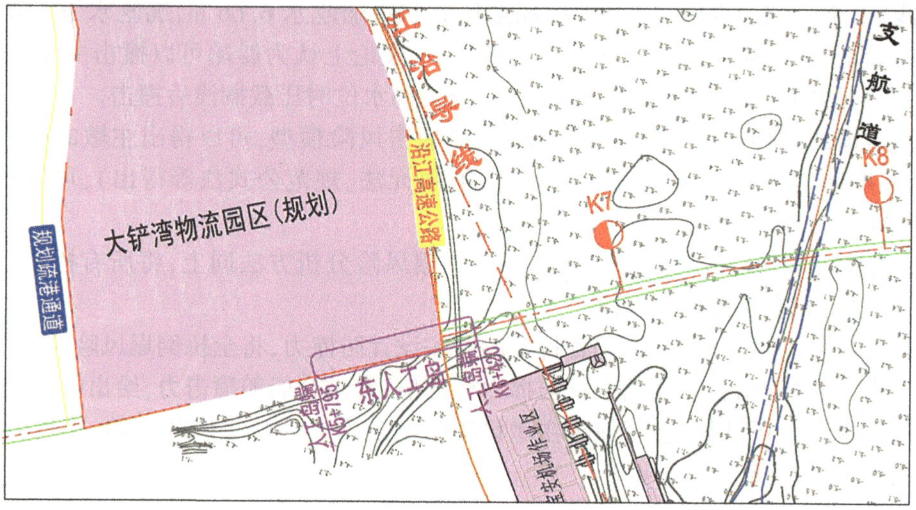

图 4-61　东人工岛岛头与航道示意图

②西人工岛岛头防撞船型的确定。

矾石水道通航船舶等级为 10 万吨级集装箱船，西人工岛岛头距矾石水道约 1 500 m(见图 4-62)，大于 3 倍代表船型船长(3×346 m)。考虑到平均冲刷，岛头附近高水位时水深约 17. 01 m，满足 10 万吨级船舶的吃水要求(14. 5 m)。根据 AASHTO 规范，可按漂流速度设防。

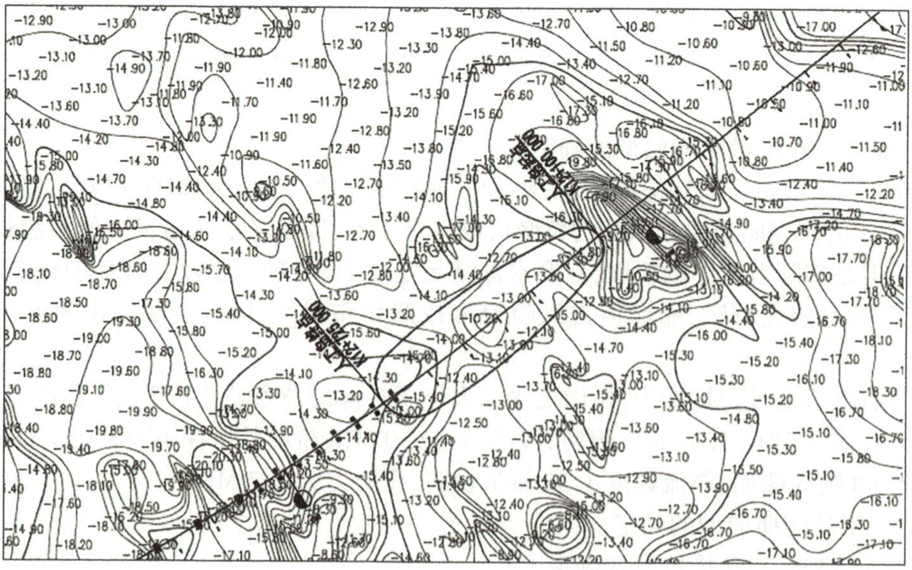

图 4-62　西人工岛岛头与航道示意图

(4)横门东航道桥防撞船型的确定。

横门东水道通航船舶等级为30 000吨级集装箱船，主墩(深圳侧H3)距横门东水道约193 m(北行)和388 m(南行)，见图4-63，小于3倍代表船型船长(3×241 m)。考虑到平均冲刷，主墩附近高水位时水深约12.0 m，满足3万吨级集装箱船舶的吃水要求(12.0 m)。根据AASHTO规范，防撞船型定为3万吨级集装箱船，设防速度3.41 m/s。

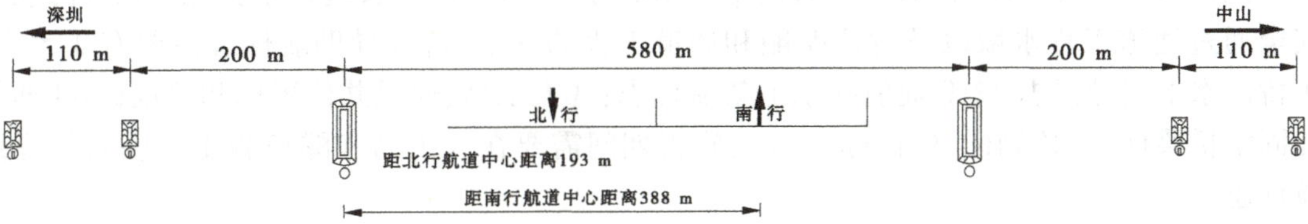

图4-63　横门东水道桥平面图

其他桥墩(辅助墩、过渡墩)根据桥墩处的水深，仅满足3万吨级集装箱船压载状态的吃水要求，结合船舶撞击风险等级的大小、距航道距离的远近，防撞船型定为3万吨级压载，设防速度为1.46~2.16 m/s。

2. 隧道施工期临时航道方案

西桥东隧方案沉管隧道基槽需要穿越矾石水道，矾石水道目前是广州港、东莞港中小船舶和高速客船来往于深圳、香港的主要通道，也有部分吃水10 m以上的船舶通过该水道，船舶通航密度较大。矾石沉管隧道施工，由于沉管下沉和安装拼接施工周期较长，需要长时间占用航道，对船舶通航影响较大。为此，结合矾石沉管隧道基槽的位置，考虑桥区水域通航条件，推荐临时航道设在矾石水道东侧，见图4-64。临时航道南段与航道交角为18°12′，与机场支航道和原航道的交点的距离约为1 670 m，北端终点与航道的交角为16°20′，直线段长度取1 038 m(按3倍船长考虑)。考虑施工期内矾石水道尚未开挖深水航道，临时规划航路水深可先满足现状中、小船舶及高速客船吃水。为保证临时规划航路与原航道间有一定的安全距离，临时航路西边线与主航道东边线的距离取300 m。

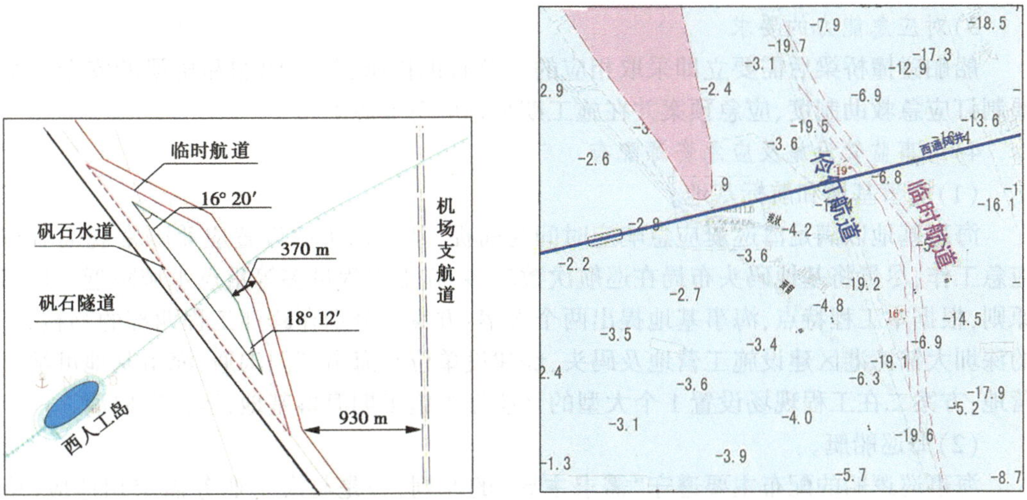

图4-64　矾石隧道、伶仃隧道施工期临时规划航路示意图

长隧方案沉管隧道基槽还需要穿越伶仃水道，考虑桥区水域通航条件，推荐临时航道设在矾石水道东侧（见图 4-64）。临时航道南段与航道交角为 16°，北端终点与航道的交角为 19°，临时航道全长约 7.5 km。

3. 航道维护、通航安全、应急保障措施

1）桥区导助航设备配布

拟建通道工程建设后，需要对通道工程水域导助航设施、设备进行重新配布以保障船舶安全通过通道工程水域以及过往船舶和通道工程的安全，桥区导助航标志主要有 4 大类：①桥区水上引导标志；②非通航孔水上禁航标志；③人工岛、通风井位置标和警戒标；④通航孔固定桥梁标志（桥涵标、桥柱标），以及施工期间需要在人工岛和隧道施工区临时航道助航标志。

2）海事监管机构

本工程涉及多个海事管理机构，建设时间长，工程量大，施工区段多，工程施工区域的水域通航环境复杂，施工情况复杂，水上交通安全监管难度大，因此在施工期也可参照港珠澳大桥的经验成立统一的海事管理机构。但与港珠澳大桥不同的是，跨江工程所在的位置两岸现已设有多个海事派出机构，跨江工程范围均包含在广州海事局南沙海事处、中山海事局港口海事处、深圳宝安海事局等已划定水域的管辖范围内。考虑到全国直属海事系统“三定”方案已于 2013 年全面施行，经综合考虑人员编制、装备力量、工程需要等因素，建议在广东海事局统一领导下，由广州海事局、中山海事局和深圳海事局共同成立大桥安全管理办公室。

参照港珠澳大桥建设期间的海事监管经验和《深圳至中山跨江通道工程可行性研究阶段船舶交通实态调查和分析研究》的研究成果，本工程可按照属地原则进行海事监管，具体设置为将整个施工水域划分为两个监管分区，第一监管分区具体负责横门东航道桥至西人工岛西边界之间的大桥桥区管理水域，由中山海事局、广州海事局具体负责；第二监管分区负责西人工岛西边界以东水域，由深圳海事局具体负责；其中，大桥桥区管理水域系指大桥轴线上下游各 3 海里水域范围内。各监管分区见图 4-65。

3）对应急能力的要求

船舶碰撞桥梁后需要立即采取相应的应急救助措施，保障船舶和桥梁的安全。主要需要制订应急救助制度、应急预案并在施工期加强应急资源配布。

4）海事监管设施及应急资源配布

（1）海事基地和航标基地。

海事基地以满足海巡艇应急响应时间为前提，基地码头的设置应兼顾常规巡航与搜救应急工作，尽量将基地码头布局在巡航次数较多、施工工程量多等重点水域附近。按照这一原则，根据本工程特点，海事基地提出两个方案：方案一分别在跨江工程西部的马鞍岛、东部的深圳大铲湾港区建设施工营地及码头，经建设单位与海事部门沟通，海事基地可纳入施工营地；方案二在工程现场设置 1 个大型的趸船作为施工期海事基地，运营期取消。

（2）海巡船艇。

海事巡逻船的配布主要遵守“需求主导”的原则，一是与海事业务需求相适应，从保障安全和提高作业效率的角度出发，满足工程现场安全管理和日常巡航监管对船舶数量的要求；二是与水域特点相适应，根据工程水域的气象水文特点和航道情况，确定巡逻船的船型

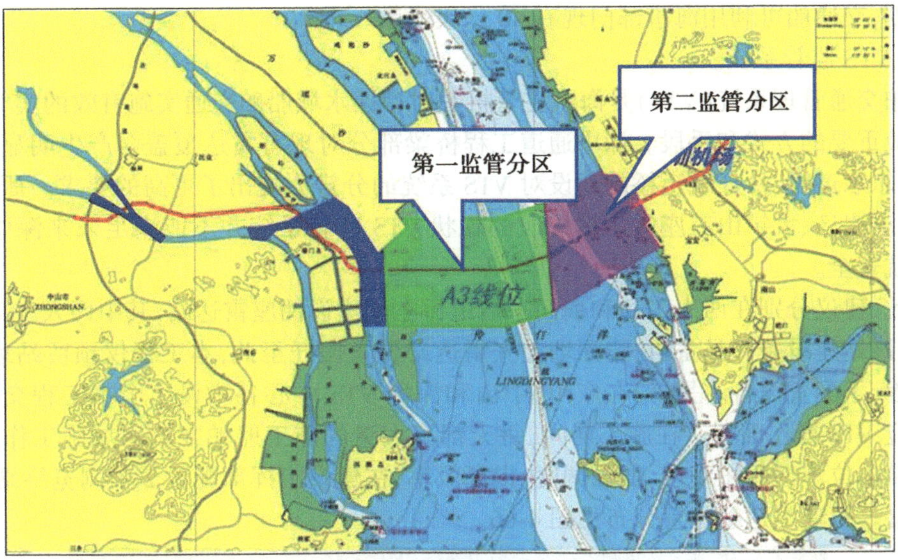

图 4-65　各监管分区示意图

和性能。本工程依据“桥隧工程保障费用标准”研究成果，利用基于模糊推理的模糊综合评价法对深中通道工程水上交通安全风险进行评价，在此基础上依据风险程度测算工程营运期、施工期海事巡逻船配备需求。经分析，按照现状海事基地情况，施工期间需配备 5 艘海巡 30 米级海上巡逻船；若在施工区域布设海事趸船或基地，则施工期间需配备 4 艘 30 米级海上巡逻船。考虑到本工程与港珠澳大桥位置相近并且时间进度上能够较好地衔接，本工程不再新建海事巡逻船，可利用港珠澳大桥巡逻船舶或海事现有巡逻船服务本工程。

(3)应急拖轮配备。

为了及时处置施工水域内水上交通事故或险情、安全生产突发事件，工程区域应备有适量的拖轮，保证在 1 h 内到达应急处置现场。拖轮的大小根据工程区域通航船舶等级或施工船舶吨位确定，以满足过往船舶和施工船舶应急处置需要。本工程区域现状当前最大通航 20 万吨级船舶，为及时应对、处置工程水域内可能发生的船舶失控或影响工程生产安全的突发事件，配置的应急拖轮总功率建议不低于 20 000 HP。本项目根据建设单位意见，并结合通航管理需求，建议配备 2 000 HP 应急拖轮 2 艘。

(4)执法执勤车船。

①执法执勤车。

根据“海事用车配备办法”，派出机构和其他从事执法执勤工作的基层单位，在编执法执勤人员按 6 人配备 1 辆，最多不超过 10 辆。在本工程施工期间，需要设置大桥通航安全管理机构，该机构共有人员 8 人，每 6 人配置 1 辆车，共配置 2 辆执法车。在本工程施工和运营期间，对于现场执法机构，由深圳海事局、广州海事局和中山海事局共同完成，不再增设。但由于深中通道位置较远，现场执法工作量巨大，因此每个直属单位配置 1 辆执法执勤车，共 3 辆执法执勤车。综上，共配置 5 辆执法执勤车。

②交通船。

在工程研究范围内，应配置 1 艘交通船，负责大桥办、海事巡逻船、执法执勤车及相关人员生活物资供应，同时承担相关人员交通任务。经建设单位与海事部门沟通，本着资源集约利用原则，交通船可利用海事部门现有 40 米级船舶。

（5）VTS 监管系统。

船舶交通管理系统（VTS）是海事主管机关对辖区水域船舶交通实施有效的实时监控和管理的最重要的方式和手段。深中通道工程桥梁部分对现有雷达覆盖会产生明显遮挡，同时，横门东水道桥、伶仃航道桥的建设对 VTS 系统的分辨力提出了更高的要求。研究表明，大角山、淇澳岛、大铲山三座雷达站构成的现状 VTS 监管系统并不能满足未来深中通道水域的通航安全。

为此，建议分别在西人工岛和横门东航道桥东侧增设两座雷达站，其中西人工岛雷达站设备，待该站建设条件具备时，将深圳宝安雷达站设备搬迁至此，本工程仅预留站址用地和土建工程，不配置设备。另外，在广州、中山和深圳 VTS 中心各增设 1 个本工程交管专台，配置相应 VTS 操作面板。在施工期间，每天都有大量的施工船舶在该水域施工作业，为了便于建设单位掌握船舶动态、加强调度、提高效率，在建设指挥部配置 2 个浏览终端，配置 1 套大屏幕。拟建雷达站位置分布见图 4-66。

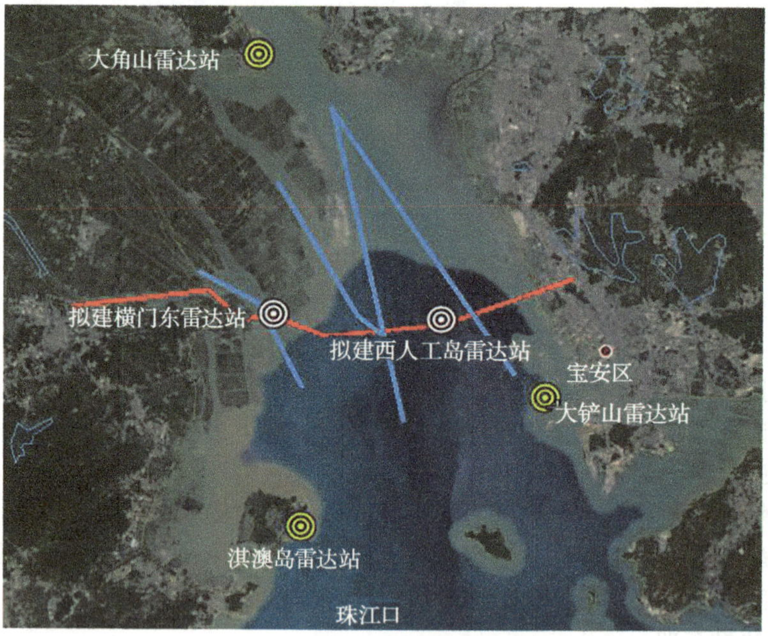

图 4-66　拟建雷达站位置分布示意图

此外，广州海事局辖区内大角山雷达站和淇澳岛雷达站的微波传输线路经过深中通道桥梁段，在大桥建设期间和建成后都会受到阻碍。鉴于雷达信息传输不能中断，建议在工程建设期间租用 5 年 20M 光缆。同时择址建设一座微波中继站以解决工程完成后大桥对信号传输的阻碍问题。

（6）AIS 系统。

现状 AIS 基站已经实现了深中通道工程水域 AIS 信号的完全覆盖，并且受工程影响较小，不会对通航水域通航造成安全隐患。

（7）CCTV 监控系统。

在工程建设期间，为对施工重点水域、重点项目施工现场实施实时监控，建议在桥梁段各通航孔双向安装闭路电视监控系统(CCTV),共计 8 个 CCTV 摄像头,并配套建设信号传输、数据处理、监控终端、操作控制台等设备设施。CCTV 监控子系统由外场设备和中心设备组成,外场设备包括镜头、摄像机、云台及防护罩、编解码器、前端视频压缩处理设备等,中心设备包括视频控制处理设备、视频显示终端、视频记录设备等。外场摄像机图像信号经过前端视频压缩处理设备利用传输线路传输至 VTS 中心,在 VTS 中心再通过编解码器进入网络,分配至视频控制处理设备对其进行显示、存储等。

(8)安全通信系统。

为满足现场维护、VTS 监控指挥、现场监护等通信联络的需要,建议择址增建一座 VHF 通信岸台,并配置相关配套设施和 VHF 通信终端(包括每艘船艇 2 套 VHF 设备、5~8 套无线对讲设备、专用手机;此外,办公场所应配备固定电话或移动电话、传真机等)。

VHF 通信系统包括 VHF 站点设备和控制中心两部分,站点设备主要包括 VHF 天线、收发机和接口设备,中心设备主要包括中央控制设备和操作面板。拟采用 VTS 中心集中控制管理的工作方式,由 VTS 中心统一实施船舶动态报告的接收、与船舶的工作联系、航行通告及航行警告的发布、指挥海巡艇的行动等,在 VTS 中心配置 VHF 中央控制设备。

(9)智能海事安全系统。

跨江通道的建设时间长、现场作业多,现场执法管理往往缺乏全面的信息。为满足现场管理的需求,建议将 VTS 信息、AIS 信息等接入,根据海事综合监管的需求,开发一套智能海事安全系统,用于分支机构及各派出机构现场监管。

智能海事安全系统将整合 VTS 系统船舶跟踪信息、CCTV 视频监控信息、通航要素数据、AIS 船舶识别信息、跨江通道施工组织方案、跨江通道建设各方信息(电话、联系人、船舶状态等)、台风、水文气象系统等的动静态信息,并基于海陆混合显示的地理信息系统平台综合显示。该系统具备通航要素管理、重点船舶(VTS 跟踪和 AIS 跟踪)监控、应急力量查询、电子警察、电子巡航、施工组织方案查询、统计分析查询等功能。该系统从广州 VTS 中心接入数据,在统一电子海图/地图界面上综合显示。各客户端通过系统授权实现应用。系统采用先进的面向服务体系架构,通过 Web Service 以 XML 格式发布和交换数据。本系统配置数据库服务器 1 台,B/S 架构服务器 1 台,应用服务器 1 台,移动服务器 1 台,配置 1 套数据库软件,开发一套应用软件。配置 10 个移动终端。

5)桥区水域安全防护体系研究

为保障通道工程建设后船舶通航安全及通道工程自身安全,需要在工程水域制定相应的航行管理规定和船舶发生事故时的应急处置方案,制定《深圳至中山跨江通道工程水上交通安全管理规定》。另外,还要制定桥区及附近水域水上交通应急预案等。

6)推进珠江口定线制实施

鉴于珠江口水域通航环境复杂,拟建通道工程和在建的港珠澳大桥建设后,海事监管的难度进一步增大,目前国内外的研究成果表明,定线制在保障水上交通安全方面效果显著,根据目前国内定线制实施的经验及广东海事局辖区的大濠水道和担杆水道定线制的实际经验,充分发挥定线制保障水上交通安全的作用,建议与在建的港珠澳大桥一并考虑将目前大濠水道定线制区域上延,并对该处水域施行定线制问题进行专题研究。

4. 桥梁施工对通航的影响

深中通道施工期间由于其涉及的通航水域范围广、通航环境复杂,工程的施工会从多方面对桥区及其附近水域船舶的通航产生影响，主要可能影响包括以下几方面：

(1)大桥基础设施成为水域碍航物，对附近水域船舶的通航产生影响。

(2)施工船舶、设施占用通航水域，会对附近船舶的通航产生影响。

(3)施工船舶、设施、工程运料船舶、交通船舶等进出施工水域，增大局部交通流，影响其他船舶的通航。

(4)施工期间的噪声以及夜间施工时的灯光等会对过往船舶的正常瞭望产生影响。

(5)施工期间因施工导致的各种突发性安全事故增大了水域附近船舶通航的风险。

4.2 主要技术创新点

本书研究项目涉及工程选址、航道条件、桥梁通航净空尺度、技术要求、通航安全环境等众多核心内容，是集港口、公路、海洋、水利、环保、船舶等多学科的综合性项目，包含 1 个主报告、18 个专题研究，由交通运输部规划研究院总负责，10 家单位协作完成，形成了一整套系列的科研成果，其主要创新点如下：

(1)创建了涵盖国际航运和港口发展、世界主要运河通航条件等船舶大型化发展多元分析预测技术，并首次预测了未来 30 000 TEU 集装箱船舶主尺度。

首次从当今船舶发展的新高度，以时间为轴，在总结过去船舶大型化特点的基础上，从宏观、中观和微观的角度，划分为经济因素、限制因素、技术因素和外协因素等多元的系统展望和研判未来船舶大型化发展趋势和情景。从世界经贸发展、国际航运发展、港口布局、世界主要运河通航条件、船舶建造、装卸机械等多方面系统研究了未来船舶发展趋势。创建了基于全球航运发展视角和保护航运核心航道资源理念的通航船舶大型化多元分析和预测技术。

(2)首次构建了复杂河口多航道、多航路，限制性航道和自由通航共存的大小船舶多线通航桥梁净空宽度计算方法；提出了船舶交通流并行多航道宽阔水域隧道区口门最小宽度计算方法。

在国内相关规范和标准关于航道通航宽度的基础上，结合国内船舶领域理论，首次提出了在分析大小船多线通航航道通航特点后，综合确定限制性航道和自由通航共存的大小船多线通航桥梁净空宽度的计算方法，即多线通航航道桥梁通航净空宽度=大船主航道有效宽度+分隔带宽度+大船辅助航道有效宽度+小船航道通航净宽。并开展了适应自然冲刷和人工活动共同作用的隧道埋深论证，以及船舶交通流并行的多航道宽阔水域隧道区口门最小宽度论证研究。

(3)首次提出了大型河口复杂通航条件下通航条件适应性综合评价分析技术，并给出了定量标准。

首次采用伶仃洋动力地貌体系分析法和潮流泥沙数学模型试验两种计算手段，建立等级评价体系，对通航水文条件影响进行综合评价，等级评价体系提出重要性标准和损害标准。

首次应用船舶操纵模拟提出了限制性航道和自由通航共存的通航孔布置的通航安全适应性评价技术；应用综合风险分析提出通道工程桥隧组合方案的通航安全适应性评价技术。依托船舶操纵模拟手段，综合考虑不同风流叠加、不同船型组合、不同会遇态势，提出了限制性航道和自由通航共存的通航孔布置的通航安全适应性评价技术。依托综合风险分析手段，综合考虑风、水流、能见度、船员、管理等不同角度的风险分布情况，运用隶属度函数量化指标风险，运用综合风险评价方法（FSA）进行风险数值整合，提出了通道工程桥隧组合方案的通航安全适应性评价技术。

（4）首次应用物理模型试验和数学模型分析相结合的方法进行船桥碰撞以及船舶搁浅的动态仿真分析，优化了桥梁防船撞分析技术和防撞标准确定方法；提出了“通航安全管理专职化、安全保障项目化、管理手段信息化”等通航安全保障措施。

国内首次在桥梁工程中采用物理模型试验研究大型船舶的搁浅，通过伶仃航道水工试验模型精确模拟船舶在航道发生的偏航状态，分析相关船舶搁浅后的运动轨迹，判断船舶撞击主墩的可能性，分析超大吨位船舶意外驶离人工航道搁浅后的移动距离，为通航方案提供技术支撑；同时首次通过物理模型试验和数学模型分析相结合的方法进行船桥碰撞以及船舶搁浅的动态仿真分析，提升桥梁防撞问题相关专业领域的研究水平。

通道工程建设期及运营期将会改变通道区通航水域水上通航环境、船舶航行习惯等，对通道区水域现有的水上安全管理产生较大的影响。本次研究首次在通航保障方案制订过程中，秉承“安全管理专职化，安全保障项目化，管理手段信息化”的三化理念，实现了“通航安全保障新概念，保障费用计算新方法，通航保障新体系”三项创新，为确保深中通道工程顺利实施，保障建设期及营运期工程水域船舶通航安全和大桥安全提供技术支撑，为我国大型涉水工程通航安全保障工作开展提供借鉴。

4.3　研究成果水平及其先进性

研究成果已成功应用于深圳至中山跨江通道工程，部分成果已纳入交通运输部行业标准，为交通运输部批准该工程的航道通航条件影响评价提供了技术支撑，经济和社会效益显著，推广应用前景广阔。

尽管本次研究通道通航条件复杂，经综合研究后提出的桥隧组合方案也是可行的，结论较全隧方案不仅节约了 100 亿元的工程投资，而且避免了大直径超长海底隧道工程运营风险，船舶大型化预测方法和成果为全国沿海港口布局、一带一路跨海工程的建设提供了指导；隧道埋置深度技术要求为海轮航道通航标准制订、海事保障方案为超大型跨海通道工程海域通航安全保障提供先进示范。本次研究也为国内大型河口、跨海湾类似超大型桥梁隧道通航论证提供了模板，大大提高了我国相关专业领域研究水平，经济和社会效益巨大，成果总体处于国际领先水平。

第 5 章 项目应用和成果转化

5.1 经济效益

《深圳至中山跨江通道项目通航安全影响论证报告》提出的通航净空尺度和技术标准成果是深圳至中山跨江通道项目路线方案的选择，以及关键控制性建设方案的选择和建设规模确定的关键技术支撑。研究成果为桥梁、隧道建设安全性、技术的可行性和经济的合理性提供了重要的技术支撑，同时也为深圳至中山跨江通道项目可行性研究报告获得国家批准提供了关键技术支撑。

2015 年 12 月，深圳至中山跨江通道项目工程可行性研究报告得到了国家发展和改革委员会的正式批复。

项目总投资额为 430 亿元，本书提出的桥隧组合方案从通航角度也是可行的结论，仅此一项较采用全隧方案为本工程节省投资约 100 亿元。

5.2 社会效益

航道是水运的基础，是港口的生命线，是国家重要的交通基础设施，属于有限的不可再生的战略资源，沿海、沿江等水运发达地区历来都是我国国土开发的重点地区和对外开放的先导地区。珠三角作为我国经济和贸易最发达的区域之一，依托珠江口丰富的航道资源，其港口已经形成以大湾区港口为核心、粤东粤西港口为两翼的世界级港口群，港口航运的发展已经成为粤港澳大湾区经济社会发展的最重要支柱产业之一。本次研究深入分析深中通道影响区域经济社会发展趋势，研判航运市场船舶大型化发展前景，科学论证通道项目通航技术标准和通航影响，对于保护我国南部沿海核心航运资源，保障珠江口航运业的发展，巩固珠江三角洲沿海港口的战略地位和促进区域经济社会的可持续发展具有重大的社会效益。

5.3 环境效益

深圳至中山跨江通道工程提出的西桥东隧通航方案无论是桥梁桥跨的布置，还是人工岛选址和方案，均以与珠三角整体生态和谐和环境统一为原则。项目航道通航条件影响评价过程中始终贯穿生态环保的理念，一方面，应用模型试验构建的等级评价体系，从通航方案对于维护珠江口“三滩两槽”的水文动力地貌格局下的生态环境的适应性进行了系统分析和论证，以尽量减少通道通航方案对于自然河床演变的影响。同时，通过基于通航保障任务项目化和桥梁本质安全理念的通航安全保障措施的科学制定，消除和降低通道建设诱发的碰撞事故所导致船舶破损、沉没，甚至严重的海洋环境污染的不利影响，有效规避该区域海事安全事故的风险,避免对海洋环境造成污染。

5.4　推广应用和成果转化情况及前景

(1)本书围绕深圳至中山跨江通道对珠江三角洲通航影响,开展了珠江口通航船舶大型化及船舶主尺度发展趋势研究、通往远东船舶大型化及其对通航净空要求发展趋势研究、超大型集装箱船型主尺度和净空高度分析和预测、船舶大型化发展趋势研究、珠江河口伶仃航道龙穴岛段通航船舶净空高度等系列专题研究。该系列专题研究对原油、散货、集装箱、邮轮等船舶大型化发展趋势和未来船型尺度进行了预测,研究成果为交通运输部综合规划司编制的《全国沿海港口布局规划深化研究》中全国沿海原油、矿石、集装箱和邮轮等系统的布局规划研究提供了关键的技术支撑,为我国沿海各个港口规划确定码头、航道锚地等设施代表船型和规模奠定了重要的基础,对于指导我国沿海港口未来发展具有深远的意义。

(2)本书针对跨越伶仃航道桥提出了单孔多线通航桥梁通航孔布置要求和净空宽度计算方法;结合穿越矾石水道隧道通航布置研究,提出了跨海隧道埋设要求和计算方法;开展了船舶大型化趋势研究,提出了原油、散货、集装箱、邮轮等船型发展趋势的研判,相关成果为交通运输部水运局负责的《海轮航道通航标准》(JTS 180-3—2018)和《跨越和穿越航道工程航道通航条件影响评价报告编制规定》(JTS 120-1—2018)的编制提供了重要的参考和依据,对于促进跨海通道通航论证相关技术领域的发展具有重大意义。

(3)深圳至中山跨江通道项目针对通航和水上交通安全影响开展了通航环境影响研究、海中段工程方案施工组织设计及施工期间通航安全评估研究、通航安全保障及配套设施方案研究等系列专题研究。研究提出的拟建推荐工程方案对通航环境的适应性、船舶通航的安全影响和缓解措施、施工期和营运期安全保障方案及经费预算、施工期和营运期应急预案等相关成果,为广东海事局制定类似重大跨海工程海事安全保障措施的实施提供了重要的参考和依据。

综上,随着我国大批类似工程如琼州海峡、渤海海峡跨海建设通道等的陆续启动,深中通道项目的后续成果转化和推广应用前景十分可观,故深中通道项目有较好的市场需求前景和较广的推广应用领域。

5.5　主要结论

深中通道工程是国务院批复的重大基础设施项目,是继港珠澳大桥之后的又一超级跨海工程,是交通强国的示范工程,是连接珠江口东西两岸,集“桥、岛、隧、水下互通”于一体的世界级超大型集群工程,通道建设对于粤港澳大湾区建设具有重要战略意义。深圳至中山通道航道通航条件影响评价是决定通道建设线位、规模和形式的关键技术支撑,需要处理好珠江口水域极为复杂的通航环境:①通道上游的广州港是我国沿海主要港口,集装箱和邮轮运输战略地位极其重要,是我国南部对外开放、粤港澳大湾区参与经济全球化和全球配置资源的重要航运基础;②通道跨越(穿越)了珠江口众多的航道(大铲航道、矾石水道、广州港出海航道、龙穴南航道、横门东航道)和习惯航路,是我国水上运输最繁忙、船舶密度最大的水域;③通道位于珠江河口“三滩两漕”的核心区,通道建设和近年的人工挖沙会对其稳定产生一定的影响与变化,需要重点回答通航布置方案与“三滩两漕”的适应性问题;④通道通航方案还需要统筹考虑区域海洋装备、船舶修造等临港工业的特殊通航要求,以及华南第二大国际机场深圳机场的航空限高要求。论证工作几乎涉及国内已建沿海通道的所有影响因素,程度之复杂、难度之大、影响范围之广为国内之最。科学论证通道通航方案和通航安全保障措施,对保障珠江口航运业的发展,巩固珠江三角洲沿海港口的战略地位和促进区域经济社会的可持续发展具有重大意义。

本书针对通航要求高、水沙条件敏感、通航环境复杂的大型河口海湾,涉及桥隧选择、港口航道影响、桥隧通航净空尺度技术标准、通航安全影响等众多方面,是集港口、航道、航海、船舶、通航安全、公路、海洋、水利、环保等多学科的综合性研究项目。本书采用系统论证的方法,综合运用港口和航道规划、水运经济分析、船型预测、水沙环境影响预测、船舶操纵模拟、通航风险分析、防船撞研究等多领域融合技术和创新理念,形成了航道通航条件影响评价成套关键技术,取得了以下多方面的创新点:

(1)创建了基于航运发展和航道资源保护,考虑世界经济、国际航运和港口发展,世界主要运河和河口通航条件、船舶建造、装卸岸桥等船舶大型化多元分析和预测技术。系统研究了国际未来船型大型化发展趋势,首次提出了未来3万吨级集装箱船舶控制性高度。

(2)首次构建了复杂河口多航道、多航路,限制性航道和自由通航共存的大小船舶多线通航桥梁净空宽度计算方法,创新提出了船舶交通流并行多航道宽阔水域隧道区口门最小宽度计算方法。

(3)首次提出了运用水沙模型试验和风险等级评价体系的通道工程对航道通航水文条件影响综合评价方法,并给出了量化的重要性和损害性标准;提出基于船舶操纵模拟的大型河口复杂通航条件下的通航孔布置的通航安全适应性评价技术,以及应用综合风险分析的通道工程桥隧组合方案的通航安全适应性评价技术。

(4)首次通过物理模型试验和数学模型分析相结合的方法进行船桥碰撞以及船舶搁浅的动态仿真分析,提出了桥梁防船撞分析技术和防撞标准确定方法;在通航保障方面提出了“通航安全管理专职化、安全保障项目化和管理手段信息化”等大型桥、岛、隧集群涉水工程通航安全保障措施。

本书研究成果是确定深中通道项目跨江段线位走向、通道方案以及建设规模的决定性因素,是深中通道项目的工程可行性研究报告获得国家批复的重要技术支撑;桥隧组合方案可行的研究结论为工程节省了约100亿元的工程投资,更为重要的是降低了全隧方案大直径超长海底隧道工程运营风险;船舶大型化预测方法和成果为《全国沿海港口布局规划》、“一带一路”跨海通道工程的建设提供了关键的指导;跨越航道桥梁通航孔设置和净空尺度、隧道选址和埋置深度等成果纳入了我国水运行业标准《海轮航道通航标准》(JTS 180-3—2018)和地方标准《广东省沿海航道通航标准》(DB44/T 1335—2014),通航安全影响论证报告为《跨越和穿越航道工程航道通航条件影响评价报告编制规定》的编制提供了参考;“安全管理专职化,安全保障项目化,管理手段信息化”的三化理念为海事通航监管提供了示范;研究成果和采取的评价技术路线已经在类似通道项目航道通航条件影响评价论证工作中被广泛借鉴,促进了通航论证相关领域学科发展和技术进步。

参考文献

[1] 交通运输部规划研究院. 深圳至中山跨江通道项目通航安全影响论证报告[R]. 2015.
[2] 交通运输部规划研究院. 珠江口(深圳港)通航船舶大型化及船舶主尺度发展趋势研究[R]. 2013.
[3] 丹麦科威(COWI)咨询公司. 通往运东船舶大型化及对通航净空要求发展趋势研究[R]. 2014.
[4] 中国船舶工业集团公司第七〇八研究所. 超大型集装箱船船型主尺度和净空高度分析和预测[R]. 2015.
[5] 中交水运规划设计院有限公司. 深圳至中山跨江通道项目通航安全影响论证报告咨询及关键参数研究[R]. 2015.
[6] 南京水利科学研究院. 深圳至中山跨江通道工程对港口航道影响海床演变分析[R]. 2013.
[7] 南京水利科学研究院. 深圳至中山跨江通道工程对港口航道影响数学模型研究[R]. 2013.
[8] 南京水利科学研究院. 挖沙对伶仃洋滩槽稳定性影响数学模型研究[R]. 2013.
[9] 广州汇海技术服务中心. 深圳至中山跨江通道工程船舶交通实态调查和分析报告[R]. 2011.
[10] 武汉理工大学. 深圳至中山跨江通道工程通航环境研究[R]. 2014.
[11] 武汉理工大学. 深圳至中山跨江通道工程船舶模拟试验研究[R]. 2014.
[12] 上海船舶运输科学研究所. 深圳至中山跨江通道工程防船撞研究[R]. 2015.
[13] 交通运输部规划研究院. 深圳至中山跨江通道项目通航安全保障及配套设施方案研究[R]. 2017.
[14] 武汉理工大学. 深圳至中山跨江通道项目施工通航影响预测评估[R]. 2014.
[15] 上海船舶运输科学研究所. 深圳至中山跨江通道项目船舶搁浅试验研究报告[R]. 2015.
[16] 中交水运规划设计院有限公司. 特种海洋平台通航珠江口航道方案研究报告[R]. 2015.